사춘기

우리 아이 마음속엔
어떤 감정이 숨어 있을까

엄마,
내 마음을
읽어줘

사춘기 우리 아이 마음속엔 어떤 감정이 숨어 있을까

엄마, 내 마음을 읽어줘

1판 1쇄 인쇄 2015년 12월 10일
1판 1쇄 발행 2015년 12월 15일

지은이 박순주, 김계순
펴낸이 송준화
펴낸곳 아틀라스북스
등 록 2014년 8월 26일 제306-2014-16호

기획편집총괄 송준화
마케팅총괄 박진규
디자인 김민정
일러스트 송영채(별내중학교)

주소 (121-894) 서울시 중랑구 공릉로 18, 310호(묵동)
전화 070-8825-6068
팩스 0303-3441-6068
이메일 atlasbooks@naver.com

ISBN 979-11-950696-5-1 (13590)
값 13,000원

이 도서의 국립중앙도서관 출판시도서목록(CIP)은 서지정보유통지원시스템 홈페이지
(http://seoji.nl.go.kr)와 국가자료공동목록시스템(http://www.nl.go.kr/kolisnet)에서
이용하실 수 있습니다.(CIP제어번호 : CIP2015031925)

사춘기

우리 아이 마음속엔
어떤 감정이 숨어 있을까

엄마,
내 마음을
읽어줘

박순주, 김계순 지음

아틀라스
북스

보증서를 써 드립니다

처음 청소년 상담을 시작했을 때 아이들이 엄마에 대해 품고 있는 감정의 격렬함에 놀랐다.

'끔찍하다', '괴물이다', '악마다' ……

더 놀라운 것은 그 엄마들을 만나 보면 생각과는 달리 아이를 위해 걱정하고 애쓰는 지극히 평범한 엄마들이었다는 점이다. 심지어 여느 엄마들보다 더 희생적이고 살뜰한 경우가 많았다.

사춘기 아이와 탈 없이 지내기란 어떤 엄마도 쉽지 않다. 게다가 아이마다 예민함의 정도도 다르다. '왜 우리 아이만 유독 힘든 걸까?' 하는 탄식에도 일리가 있다. 아이가 일으키는 모든 문제의 원인이 엄마에게 있다고 하는 것은 너무 가혹한 말이다. 정도의 차이는 있지만 사춘기에 접어든 아이와 엄마 사이에는 크고 작은 전쟁이 일어나기 마련이고, 이미 회복하기 힘든 국면에 봉착했을 수도 있다. 이 전쟁이 참

혹한 이유는 전쟁의 상대가 내가 가장 사랑하는 아이인 데다 전쟁이 진행될수록 사랑과 미움을 구별하기가 점점 힘들어지기 때문이다. 심하면 엄마와 아이 인생에 회복할 수 없는 깊은 상흔을 남기기도 한다.

우리는 어떻게 해야 괴상한 별나라에서 날아온 것 같은 이 사춘기 종족과 가슴 아픈 전쟁에 종언을 고하고 그럭저럭 재미나게 지낼 수 있을까?

"보증서 하나만 써 주세요. 그러면 애를 좀 맘 편히 대할 수 있을 거 같아요."

"어떤 보증서요?"

"그러니까 우리 애가 조만간 사춘기를 끝내고 제대로 된 인간이 된다는 보증서요. 그런 게 있다면 걱정도 덜하고 애를 좀 덜 닦달할 수 있을 것 같아요."

사춘기의 폭풍우 속에 휘말린 아이와의 싸움에 지친 엄마들의 하소연이다. 실제로 가까운 지인에게 이런 보증서를 써 준 적도 있다

'저의 상담자적 소견으로 볼 때 위 학생은 건강하고 바른 인품으로 자라 사회에 잘 적응하고 행복하게 살아가는 청년이 될 것임을 보증합니다.'

사춘기에 대한 정보가 한 트럭 있다 해도 막상 내 아이가 사춘기가 돼서 갑자기 거칠고 이해할 수 없는 행동을 하면 몹시 당황스럽다. 도대체 이 아이가 뭐가 되려고 이러는 것일까, 제대로 자라 이 험한 세상

에 자기 자리를 잡기는 할까, 불안해진다. 거기에 아이에게 거부당하는 듯한 서운함, 더 이상 아이를 휘어잡을 수 없을 듯한 무력감, 내가 잘못 키워놓은 결과라는 죄책감마저 더해진다. 이런 엄마의 부정적인 감정은 아이를 더 옥죄는 연료가 되고, 다시 더 강도 높은 반발이 돼서 돌아온다. 여유를 갖고 악순환의 고리를 끊고 싶지만 자칫 중요한 시기에 아이를 뒤처지게 할까 두렵다. 그래서 지켜보는 것만으로도 잘 성장한다는 확실한 보증이 절실히 필요하다고 말하는 것이다.

만약 그런 보증서가 도움이 된다면 나는 사이비 교주로 고소당할 위험을 무릅쓰고라도 이 책을 읽는 독자 모두에게 100퍼센트 확증 보증서를 한 장씩 써 드리고 싶다. 이 보증을 믿기만 하면 우리 아들, 딸은 지금부터 지켜보기만 해도 틀림없이 내가 꿈꾸는 훌륭한 청년으로 성장할 것이다. 거기에 당장 오늘부터 기쁘고 다정한 눈으로 아이를 바라볼 수 있는 엄마로서의 행복감이 무료 옵션으로 제공된다.

정말이냐고?

그렇다.

다만 한 가지 조건이 있다. '내가 꿈꾸는'이라는 위험한 구절만 빼준다면.

학교 가기를 거부하는 아들 때문에 가슴 아파하는 엄마를 상담한 적이 있다. 아들이 중학교를 4년째 다니지만 결석이 너무 잦아 올해도 졸업이 불투명하다고 했다. 엄마는 아침마다 도저히 눈을 뜰 수 없다는 아들과 말 그대로 피 터지는 전쟁을 하고 있었다. 제발 학교에 가서 중학교 졸업이라도 하라고, 오늘도 선생님의 전화를 받아야겠냐고, 너라는 놈은 도대체 뭐가 될 거냐며 악을 쓰다 마침내 욕설을 퍼붓고 손찌검을 하는 것으로 아침 시간을 마감하곤 했다. 직장에 가서도 틈틈이 전화를 걸어 다그쳤다. 아들은 아들대로 아침마다 엄마의 악담을 듣다 보면 학교에 안 가서 미안한 마음보다 엄마를 향한 미움이 솟구쳐 극단적인 상상까지 하게 된다고 하소연했다.

"아들이 학교를 졸업하지 않으면 어떤 일이 벌어질까 두려우세요?"

"그걸 말이라고 하세요? 인간 노릇 못하고 끝나는 거죠. 고등학교를 나와도 사람 구실 하기 힘든 세상이잖아요."

"학력이 중요시되는 사회이기는 해요. 가능하면 당연히 졸업을 해야겠지요. 그렇지만 아이가 죽어도 가기 싫다는 걸 욕하고 때리면서까지 보낼 만큼 학력이 중요한 이유가 뭘까요?"

"나처럼 살지 말라는 거죠."

"무슨 뜻이죠?"

"허접하게 칼 들고 살잖아요. 사실 우리 친정 자매들은 다 얌전하게 공부하고 사무직 좀 하다 결혼해서 잘들 살죠. 나만 부모 말 죽어라 안 듣고 나대다 이렇게 된 거예요. 어쩜 벌 받는 건지도 모르죠."

"죄송한데, 이해가 잘 안 되네요. 벌 받는 허접한 인생이라뇨? 제 눈에는 대단한 분으로 보이는 걸요. 혼자 힘으로 두 아들 거뜬히 키워 내시고, 푸드 코트에서 제일 솜씨 좋은 요리사로 인정도 받으시고, 동료들도 따르고. 인생에 순위를 매길 수는 없지만 저보다 훨씬 훌륭한 분이라고 저는 느낍니다."

"진심이세요?"

"진심이죠. 학력 없는 어머니가 이렇게 잘 살아오셨다면 아들이 졸업을 못하면 인간 노릇 못할 거라는 어머니 걱정은 별로 신빙성이 없는 건 아닐까요?"

한참을 묵묵히 있던 그녀가 말했다.

"그렇게 생각해 본 적은 없었어요. 열심히는 살았지만 제 자신이 자랑스러웠던 적은 없었어요. 그래요, 우리 자매들, 남편 그늘에서 편하게만 사는 사람들이죠. 그 집 애들도 다 공부 잘해서 만나면 속상하고 주눅 들었어요. 아들이 미웠고요. 그러네요. 우리 아들, 안 되면 나하고 포장마차라도 하죠, 뭐. 걔가 붙임성 하나는 있거든요."

그날 이후 그녀는 점차 아들을 다른 마음으로 대하고 다르게 말하기 시작했다.

"알아듣지도 못하는 수업을 여섯 시간이나 참고 듣자면 정말 힘들겠다."

"그래, 선생님께 그런 말을 들었다면 나라도 화나겠다."

"학교 가기가 정말 싫긴 하겠구나."

"그래, 졸업 못한다고 세상이 끝나지는 않아. 그렇더라도 자퇴서는 잘 생각해 보고 결정해."

엄마의 태도가 이렇게 바뀌자 아들은 학교 가는 일을 자신의 부담으로 떠안을 수밖에 없었다. 욕하지도, 야단을 치지도, 더구나 안절부절 하지도 않으니 엄마 탓을 할 수가 없게 된 것이다.

"사실 아침마다 엄마를 죽이고 싶을 정도였어요. 정말로 도저히 일어날 기운이 없는 나를 조금도 이해해 주지 않고 악담을 하니까요. 어떤 땐 내가 엄마를 때리게 될까봐 겁이 나서 내 손을 꽉 쥐고 있었죠. 그러다 밤에 지친 얼굴로 잠든 엄마를 보면 학교 하나 못 가서 엄마 가슴에 못 박는 병신 같은 내가 얼마나 싫은지……. 엄마가 자퇴하는 건 내가 결정해도 된다고 한 순간, 바로 학교로 달려가 담임한테 자퇴서를 내던졌지만 며칠 뒤에 찾아가서 도로 달라고 했어요. 아직까지 출석일수가 좀 남아 있어요. 20일 이상 결석하지만 않으면 졸업할 수 있는데……. 한 번 해 보려고요. 요즘은 엄마가 한 번 흔들어 깨우고는 그냥 가세요. 지긋지긋한 전화나 욕도 안 하고요. 가끔 서로 재미있었던 얘기도 하면서 지내요."

내가 꿈꾸는 아이로 만들기 위해 안간힘을 쓰는 것은 굴러 떨어지는 바위를 가슴팍으로 안아 올리는 일이다. 아이는 다 다르다. 지금 어떤 마음의 괴로움을 안고 있는지 엄마라 해도 정확히 알 수 없다. 아이 역시 불쑥불쑥 솟아오르는 감정을 느낄 뿐 자신의 정확한 마음을 스스로도 이해하기 어렵다. 도대체 무슨 생각으로 왜 그러냐고 물어도 아이들이 시원하게 대답하기 힘든 이유다. 그러니 아이 자신조차 설명하기 힘든 마음을 섣불리 예단하고 내가 만든 틀에 아이를 밀어 넣으려는 고단한 노력 대신 아이 뒤에 한 발짝 물러나 있는 편이 낫다.

사춘기 아이는 이제 스스로 자립하려고 날갯짓을 시작했다. 그 증거가 '말대답', '반항', '도발'이다. 잘 자라서 내 스스로 새로운 세계로 들어가 보겠다는 신호니 오히려 기뻐해야 할 일이다. 그렇다면 엄마도 이제까지와는 다른 방식으로 아이를 만나야 한다.

우리는 10여 년 이상을 아이에게 밥을 먹이고, 웃어 주고, 책을 읽어 주고, 머리를 쓰다듬으며 오늘 여기까지 왔다. 그것만으로도 칭찬 받고 위로 받아 마땅하다. 그러니 더 이상 아이를 내 힘으로 빚어 보려 는 수고는 사양할 자격이 충분하지 않은가?

새로운 출발은 누구에게나 두렵고 불안한 일이다. 그래서 편한 사람 에게 어리광을 부리고 짜증을 내면서 안전지대를 확인한다. 처음 행글 라이더를 타고 절벽 앞에서 도움닫기를 하려는 아이가 두려운 눈으로 뒤를 돌아볼 때 뒤에 서 있는 엄마는 어떤 말을 해 줘야 할까?

"좀 무섭지? 그래도 잘하고 있어, 괜찮아. 엄마는 끝까지 여기 있을 게."

이것 말고 달리 할 말이 있을까?

"핸들은 꽉 잡고 어깨 힘은 빼고 눈은 정면을 봐. 그래야 똑바로 날 수 있어. 어, 어, 어딜 보는 거야, 앞을 보라니까."

이런 말을 할 사람은 조교이지 엄마가 아니다. 조교가 할 일을 자꾸 엄마가 반복하면 열 받은 아이가 행글라이더를 패대기치고 다 엄마 때문이라고 원망할지도 모른다.

서점에 가보면 셀 수 없이 많은 교육서들이 나와 있다. 고무적인 일 이다. 가슴을 찌르는 훌륭한 조언들이 많다. 그러나 사춘기 아이를 둔 엄마가 읽었을 때 오히려 부담이 될 법한 내용들도 섞여 있다. 엄마 하기에 따라 영어 영재로, 독서 천재로, 리더십 있는 아이로, 창의력 넘치는 아이로 키우는 것이 가능하다고 주장한다. 이렇게 하면 명문대 간다, 이렇게 하면 모범생 된다, 이렇게 해야 성공한다고 한다. 정말일까? 그런데 왜 같은 방식으로 키운 다른 형제는 그리 되지 않았을까? 자녀 모두를 유명인으로 키워 낸 엄마를 따라 하면 우리 아이도 같은 성공을 누릴까? 반기문처럼, 안철수처럼, 빌 게이츠처럼 키우면 모두 그 비슷하게라도 될까?

유익한 조언이기는 하지만 아이는 다 같지가 않다. 자칫 바다로 가야 할 아이를 산으로 끌고 가다 함께 진흙탕에 빠질지도 모른다. 지금 내 눈 앞에 있는 이 모습이 우리 아이가 오늘 보여 줄 수 있는 최선임을 받아들인다면 학교에 가 주는 것만으로도 고맙고, 학교를 못 가고 누워 있더라도 힘들게 버티고 있는 그 최선의 모습에 공감하고 위로할 수 있을 것이다. 이런 시선이라면 우리 아이가 행복한 사람으로 성장할 확률은 단연코 100퍼센트다. 이렇게 바라보는 엄마의 눈에 내 아이는 어떤 순간도, 어떤 모습도 최선이기 때문이다. 내일은 내일 그 순간, 그 다음 날에는 그 순간 완전한 모습으로 내 아이가 다가올 것이다.

큰 성공을 거둔 사람들은 곧잘 어머니의 교육 덕분에 자신이 성공할 수 있었다고 경의를 표하곤 한다. 모든 어머니들은 가능한 한 자녀에게 좋은 영향을 줘서 자신 또한 이런 결과를 얻기를 간절히 바란다. 물론 그들의 표현처럼 어머니의 교육이 성공의 한 요소일 수는 있다. 그러나 아이들의 성공과 실패를 순전히 엄마 하기 나름이라고 받아들여서는 곤란하다. 게다가 '성공이 곧 행복'이라는 보증도 없다. 우리는 성공한 사람들이 알고 보니 부도덕하거나 개인적으로 불행했다는 얘기를 숱하게 듣고 있지 않은가. 행복이 성적순이 아니듯 아이의 성공 역시 엄마의 노력순이 될 수 없다.

다만 지금 아이와 어떤 관계를 맺고 어떤 시간을 보낼지는 엄마 하기 나름이다. 적어도 아이와 편안한 관계를 맺는, 바로 그 순간만큼은 아이에게 평안을 줄 수 있다. 그리고 이 평안이야말로 아이가 가진 잠재력을 펼치는 데 도움이 될 것이 자명하다.

이름 없는 묘목을 선물 받아 열심히 키웠더니 비로소 나뭇가지에 봉오리가 맺혀 막 꽃을 피우려 한다. 이제 우리가 할 수 있는 일은 봉오리에서 예쁜 꽃이 피어오르기를 사랑스럽게 지켜보는 것뿐이다. 탐스런 목련이 솟아날지 아련한 산수유로 흩날릴지는 우리의 의지와 노력과는 무관하다.

꽃봉오리에서 어떤 꽃이 피어올라올지가 우리 소관이 아니라면 엄마라는 존재는 훨씬 자유롭다. 자유로운 엄마는 자신이 전능하지 않다는 현실을 받아들이고 자신이 해야 할 일이 많지 않음을 이해한다. 사춘기라는 두 번째 탄생기를 맞아 우리 아이가 어떤 모습으로 다시금 태어날지 흥미롭고 설레는 마음으로 기다리고 응원하는 것. 그것이 사춘기 부모의 역할임을 깊이 받아들인다. 새로운 소설을 읽고, 못 보던 그림을 감상하듯이 아이를 새롭게 알아가는 것, 그것이 사춘기 엄마가 할 일의 전부다. 아이가 처음 엄마를 부르고, 첫 걸음마를 떼고, 처음 그림을 그렸을 때 아이 속에서 나오는 평범하면서도 비범한 재능을 경탄하며 바라보던 그때의 마음으로 말이다.

"나는 당신처럼 전문가가 아니라 아이의 새로운 면을 민감하게 알아차리기가 쉽지 않아요."

이렇게 말할 필요는 없다. 아이를 잘 알아야 한다는 뜻이 아니다. 아이를 알고자 하는, 알아보겠다는 태도를 말하는 것이다. 속속들이 다 알아내서 '아이에게 딱 맞는 뭔가'를 해주겠다는 마음이 아니다. 그저 지금, 바로 이 순간에 아이가 하는 행동과 말과 감정에 고개를 끄덕인다는 뜻이다. 오늘 아이와 만나서 맺는 관계의 질에 집중한다는 의미다. '내가 꿈꾸는 아이'로 만들어 보려 애쓰는 대신 '지금의 너'를 아름다운 선물로 받아들인다는 뜻이다.

'그래? 넌 그렇게 느끼고 그렇게 생각하는구나.'

'아하, 그게 바로 네가 하고 싶은 거구나.'

지금 어떤 기분인지, 무엇을 힘들어 하고 무엇을 원하는지, 어떻게 성장해 가고 있는지, 지금부터 알아보자는 자세. 그것이 사춘기 아이와 평화롭게 공존하는 유일한 길이다.

박순주, 김계순

Contents

2장 엄마도 공부가 전부가 아닌 건 알잖아요

엄마,
내 마음을
읽어줘

1장

내가
성장하는 증거,
반항하고
삐뚤어져요

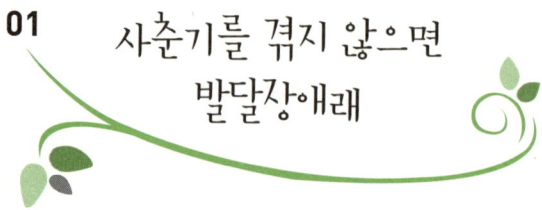

01 사춘기를 겪지 않으면 발달장애래

상담실에서 사춘기 아이들이 엄마를 고발(?)하는 말을 듣고 있노라면 쓸쓸하기도 하지만 참 신통하다는 생각이 든다. 어쩌면 그렇게 신랄하게 엄마를 꿰뚫어 보는지, 비판의 근거는 또 얼마나 맵고 당찬지.

"엄마한테 네 마음을 말해 본 적은 있니?"

대부분의 아이들은 그런 경우는 없다고 한다.

"엄마 말발은 못 당해요. 뭔가 아닌 것 같고 억울하긴 한데 엄마가 받아치기 시작하면 말문이 막혀요. 결국 욱하다가 더 혼만 나죠. 어쩌다 엄마를 이겨봤자 좋을 것도 없어요. 엄마가 두고두고 야단칠 재료 하나 더 얹어 주는 셈이니까요."

사춘기 아이의 뇌는 한마디로 리모델링 중이다. 전두엽은 재조정 중이고 안정감을 담당하는 호르몬인 세로토닌은 부족하다. 상대방을 비판하고 자기를 변호하는 데는 날카롭지만, 상황을 객관적으로 조망하기에는 역부족일 수밖에 없다. 엄마 눈에 아이들의 반발이 배은망덕 싸가지 없는 행동으로 여겨지기 쉬운 이유다.

아이가 껍질을 깨고 나오려면 진통이 따른다. 곁에 있는 엄마가 가장 괴롭다. 그래서 우리 아이만은 그런 고통 없이 지나가기를 바라기도 한다. 그러나 엉덩방아를 찧고 무릎에 생채기가 나고서야 걸음마를 배웠듯이, 사춘기 역시 피해갈 수 없는 발달 과정이다.

엄마의 진심 따위는 안중에도 없는 듯한 아이들의 목소리에도 거칠지만 진실이 담겨 있다. 많은 엄마들이 고백한다. 아이의 사춘기를 겪고 나서야 세상을 훨씬 넓은 시야로 보게 됐다고. 자신의 참모습을 더 또렷이 알게 됐다고.

엄마의 속사정

'사사건건 트집에 심술이에요.'

갑자기 아이 눈에 세상이 온통 나쁘게 보이는 렌즈라도 끼워진 걸까요? 사사건건 트집이고 불평에 버럭입니다. 엄마가 무슨 원수라도 된다는 듯 으르렁거리고 심술을 부려요.

'도대체 엄마가 뭘 잘못했다고 이래? 곱게 말하면 누가 잡아가기라도 한대?' 하고 소리 지르고 싶은 순간이 한두 번이 아니에요. 이러다 몸에 사리가 생겨 성불하는 게 아닌가 싶을 지경이죠. 애가 질식할 정도로 공부를 시키지도 않았고, '오냐, 오냐, 네가 제일이다' 하고 떠받들어 키우지도 않았는데, 사춘기라는 이유로 이렇게까지 삐딱해진다는 게 이해가 가지 않아요.

사사건건 가르치기보다 여유 있게 지켜보라고들 하는데 그러다 뭐가 옳고 그른지 분별력도 없는 사람으로 자라면 더 큰일이 아닐까요? 사춘기라고 아이 비위만 맞춰야 하는 건지, 아이에게 가르칠 건 가르치면서 관계도 틀어지지 않으려면 도대체 어떻게 해야 할까요?

저 하나 잘 되라는 간절한 소원밖에 없는 엄마 진심을 아이는 왜 몰라줄까요?

아이의 속마음

'엄마 조금만 기다려 줘요.'

엄마, 내가 중학생이 되더니 변해서 속상하고 서운하지? 내가 안 크고 계속 아기였으면 좋겠어? 나이를 먹었으니 변하는 게 당연한 거야. 키도 크고, 머리도 크고, 마음도 크는 거야. 나는 이제 어린아이가 아니야. 엄마는 내가 변했다고 뭐라고 하지만 엄마 소원대로 내가 변하지 않으면 엄마는 더 힘들 걸? 나이를 먹어도 변하지 않으면 그건 발달장애래. 엄마는 내가 나이를 먹어도 아기처럼 행동하는 발달장애였으면 좋겠어? 그보다는 좀 성가시고 속 끓여도 남들 다 겪고 지나가는 사춘기를 겪는 게 낫지 않겠어? 그러니 내가 변하지 않았으면 하는 꿈은 버려. 엄마, 내가 사춘기를 겪고 지나갈 수 있도록 기다려 줘요. 그걸 견디고 나면 나는 듬직한 어른이 돼 있을 거야.

엄마, 내가 언제까지 질풍노도 같은 사춘기를 겪을지, 평생 살얼음판을 걷는 마음으로 지내야 하는지 걱정되고 겁나지? 사실 나도 걱정돼. 나도 나 때문에 많은 사람이 힘들어하고 불편해한다는 걸 잘 알아. 나도 지금은 내가 왜 수시로 불끈불끈 화가 나고, 욱하는 감정이 올라오는지 알 수가 없어. 참아지지가 않아. 이러다 미치는 게 아닐까? 평생 이렇게 살아야 하는 건 아닐까? 은근히 겁이 나기도 해. 그럴 때면 혼란스런 나머지 화를 더 내게 돼. 그런데 친구들도 다 마찬가지래. 집에서도 치이고 선생님한테도 치이지만 그래도 친구들과는 통하는 게 있으니까 안심이 되기도 해.

엄마, 나도 이런 상황이 빨리 지나갔으면 좋겠어. 하지만 내 맘대로 되지가 않아. 그러니 엄마, 조금만 더 기다려 줘요. 힘들다는 거 알아.

엄마한테 죄송한 마음이 들면서도, 막상 죄송하다는 말을 하려다 보면 어느새 내가 화를 내고 있더라고. 사람들은 호르몬 때문이라고 하는데 내가 왜 그러는지 나도 모르겠어. 하지만 엄마한테 죄송한 마음은 늘 가지고 있어요. 말을 안 했을 뿐이야.

사춘기는 아이가 잘 자라고 있다는 신호

발달장애 아동의 어머니들과 집단 상담을 한 적이 있다. 한 장애아동 어머니가 아이 봐줄 사람이 마땅치 않다고 아이를 데리고 왔는데 집단 상담 2시간이 끝날 때까지 아이는 옆방에서 알 듯 모를 듯한 소리를 지르곤 했다. 아이를 봐주는 자원봉사 선생님에게 어머니가 이렇게 말했다.

"아이가 가끔 뛰쳐나갈 수도 있는데, 너무 염려는 마세요. 길을 잃는 아이가 아니니 못 나가게 말리지 않으셔도 됩니다."

그러나 대화가 통하지 않고 소리만 질러대고 느닷없이 뛰쳐나가는 아이를 보느라 자원봉사 선생님은 허둥댈 수밖에 없었고, 2시간 만에 눈동자가 풀리고 말았다.

또 다른 발달장애 아동의 어머니는 이런 고백을 했다.

"저는 아이가 학교에 등교한 순간부터 휴대전화를 손에서 놓을 수가 없어요. 아이가 학교 밖으로 나가서 길을 잃어버린 적이 한두 번이 아니거든요. 대로로 뛰어들어 사고가 나거나 길을 잃을까봐 늘 노심초사합니다."

한 어머니는 아이로 인한 어려움 때문에 죽을까 고민한 적도 있었다고 한다.

"운전을 하고 한강을 건널 때, 여기서 내가 마음먹고 손가락만 까딱 움직이면 나와 이 아이의 고통이 끝날 수 있다는 생각을 하곤 합니다. 아직 실행에 옮기지는 못했지만, 그리고 그게 언제가 될지 모르겠지만, 그런 생각을 할 때면 눈물이 하염없이 쏟아집니다."

이 어머니들이 얘기하는 대상은 초등학생이 아니라, 고등학교 졸업을 한 해 남겨놓은 아이들이다. 이 어머니들은 사춘기 자녀를 키우는 엄마들의 하소연을 들으면 부럽기 그지없다고 말한다. 제 손으로 밥 먹고, 제 발로 학교에 가고, 고등학교를 졸업해서 편의점 알바라도 할 수 있는 보통 아이들을 보면 부러울 수밖에 없다는 것이다.

'다른 사람의 불행을 보고 행복한 줄 알아라' 하는 말이 아니다. 아이는 우리에게 어떤 방식으로든 깨달음을 준다. 발달장애 아이를 둔 부모가 겪은 세상의 깊이와 인생의 깨달음은 어느 누구와도 견줄 수 없다. 이분들과 함께한 집단 상담에서 이 책에 쓴 대부분의 깨달음을 얻었다고 해도 과언이 아니다.

사춘기를 맞은 아이는 '발달을 잘한' 아이다. 누구나 겪어야 할 단계를 거치기 위해 반드시 타야 할 비행선에 안착한 아이다. 사춘기를 겪지 않고 엄마가 바라는 대로만 자란다면 정말 훌륭한 사람이 될 것이라는 생각은 엄마의 착각이다. 그런 아이는 때맞춰 타야 할 비행선에 타지 못한 아이다.

그런데 사춘기 아이들이 올라탄 비행선은 흔들리고, 소음도 많이 난다. 먼지도 풀풀 날려 주변 사람들을 못 견디게 한다. 물론 거기에 탄 아이들도 편치는 않다. 멀미 증상으로 제정신이 아니다. 이리 쏠리고 저리 쏠리고, 흔들리고 토하고, 자기들끼리 싸우느라 시끄럽고 정신 사납다. 부모도 아이도 이런 힘든 상황을 견뎌내야만 성장할 수 있다.

사춘기를 겪지 않는 사람은 없다. 조금 늦게 겪는 경우가 있을 뿐이다. 대학교까지 잘 나와서 취직을 했다가 연극을 하려고 혹은 가수가 되려고 회사를 때려치우고 새롭게 다시 시작하는 사람들이 많다. 사춘기를 늦게 겪는 사람들이다. 물론 나쁘지 않다. 언제라도 환영할 일이다. 그러나 착하고 말 잘 듣는 자식 자랑으로 세월을 보내다가 서른 살 넘은 자식에게 뒤통수를 제대로 맞은 부모들의 고통은 사춘기를 제때 보낸 부모의 고통에 비할 바가 못된다.

고등학교 때 하고 싶었지만 공부하느라 꾹 참았던 댄스를 명문대에 합격한 뒤 동아리 활동으로 시작한 학생이 있었다. 공연을 얼마 앞두고 갑자기 공연을 못하겠다고 했다. 그 좋아했던 댄스 공연을 왜? 댄스 동아리에 든 사실을 아빠에게 들켜서 엄청 두들겨 맞은 뒤 결국 그만둔 것이다. 얼마 후 이 친구는 군대에 갔다고 한다.

필자가 점쟁이는 아니지만 이것 하나만은 알 수 있다. 이 친구가 언젠가는 아빠의 뒤통수를 제대로 치리라는 것을. 늦게 치면 늦게 칠수록 강도는 강력해진다. 강력하면 강력할수록 그게 진정으로 원하는 것인지 본인도 모르고 며느리도 모르는 경지에 다다르게 된다. 그렇게 되면 누구를 위한 것인지도 모르는 진흙탕 싸움이 벌어져서 부모 자식 간에 복수가 복수를 부르는 비극이 벌어진다.

젊고 똑똑한 교수가 있었다. 명문 사립대학을 졸업하고, 미국 유학을 거쳐 30대 나이에 교수로 임용돼서 탄탄대로를 걷던 그의 어머니에게 법원이 아들에 대한 접근금지 명령을 내렸다. 자식의 결혼을 반대하고, 자식의 의사에 반해 수시로 연락을 하고, 주거지와 직장으로 찾아가 평온한 생활과 업무를 방해했다는 이유였다. 이 어머니는 아들이 사는 아파트 곳곳에 아들과 며느리를 비방하는 벽보를 붙이고 현관문을 부수는 등의 행위를 하고, 아들이 재직 중인 학교에 파면 요구 탄원서를 보내고, 직접 피켓을 들고 교문 등에서 1인 시위를 했다고 한다.

자녀가 사춘기 때 엄마 가슴에 한 방 먹이고 제대로 독립하지 않으면 나중에 이런 비극이 만들어질 가능성이 농후하다. 사춘기 때 아이가 내 품에서 빠져나가는 슬픔을 제대로 맛보지 않으면 이런 부모가 돼서 '이 어머니 도대체 왜 이럴까요?'라는 제목으로 신문에 날 수도 있다.

사춘기 아이를 둔 부모라면 스스로의 언행을 한번쯤 돌아보자. 아이가 말을 듣지 않는다고 온갖 방법을 동원해서 아이를 압박하고 있지는 않은가? 아이의 약점을 다른 사람 앞에 까발려 망신을 주거나, 아이 앞에서 대놓고 다른 집 잘난 아이에 대한 부러움을 표현한 적은 없는가?

선생님께 오늘 아이가 숙제를 안 해 갔으니 단단히 혼내 달라는 특별 부탁을 하는가 하면, 선생님의 당부를 확대 왜곡해서 아이를 협박하거나, 이웃 친지들이 너를 얼마나 흉보고 있는지 아느냐 하는 식으로 거짓말을 지어내는 엄마도 흔하다. 앞서 법원에서 자식에 대한 접근금지 명령을 받은 부모와 다를 바가 없는 행동이다.

아이가 사춘기를 겪으면 받아주는 것이 좋다. 아이가 사춘기를 겪는다는 것은 축복이자 당신이 아이를 잘 키웠다는 증거니까.

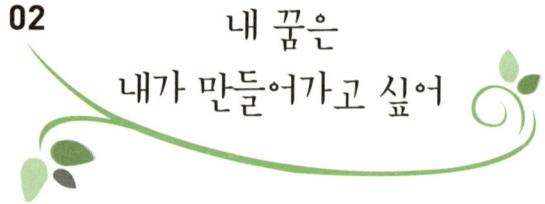

02 내 꿈은
내가 만들어가고 싶어

"다시 젊은 시절로 돌아간다면 몇 살 때로 가고 싶으세요?"

안정적인 나이에 접어든 사람들에게 이런 질문을 해 보면 의외로 손사래를 치는 사람이 많다.

"아이고, 됐어요. 불투명한 미래로 한발 한발 가면서 불안했던 젊은 시절보다 지금이 훨씬 편안하고 행복합니다."

탱탱하고 상큼한 그 시절을 되돌려 준대도 사양하는 사람이 많다는 것은 미래에 대한 불안이 그만큼 힘들다는 뜻이다. 일찌감치 자신이 갈 바를 정하고 매진해서 성공까지 거머쥔 아이돌 스타나 스포츠 스타는 그래서 말 그대로 아이들의 별이고 엄마들의 선망이다. 확실한 꿈을 갖고 야무지게 달려가는 아이는 보기만 해도 기특하다. 문제는 아이들 대다수가 이런 행복한 경우가 아니라는 점이다.

"야, 쟤 좀 봐라. 대단하다 대단해. 우리나라 환경에서 어린 게 그동안 얼마나 애를 썼을까……. 성공하는 사람은 달라. 어릴 때부터 자기를 믿고 꿈을 향해 노력하거든."

김연아, 손연재 선수 등을 보며 국민으로서 자랑스러운 마음에 자꾸 아이들 앞에서 이런 말을 하면 어떻게 될까?

"와, 이 기사 좀 읽어 봐라. 세상에, 고등학교 1학년이 앱을 개발해서 서울시랑 협약을 맺었다네. 대단하다. 에구, 얘 엄마는 애를 어떻게 이리 잘 키운 걸까……."

엄마에게 이런 말을 자주 듣는 중3 여학생이 상담실에서 털어놓은 푸념을 옮겨 보면 이렇다.

"왜 엄마는 유명한 사람이 나올 때마다 은근히 나하고 비교를 하고 엄마 자신을 한탄하는 거죠? 혹시 엄마 기대를 무너뜨린 나한테 복수하는 심정은 아닐까요? 아니면 내가 좀 비참한 기분을 느껴야 분발할 거라 생각해서 일부러 자극을 주려는 걸까요?"

'어서 자신만의 꿈을 갖고 노력해 보라'는 엄마의 격려가 딸에게는 '유명해지거나 성공하지 못하면 엄마를 슬프게 만드는 못난 딸'이라는 암시가 된 셈이다.

아이의 미래를 누구보다 걱정하는 엄마로서는 아이가 무기력하게 늘어져 있으면 견디기 쉽지 않다. 그러나 아이가 마냥 태평해서 그런 것일까? 다시 젊음을 준대도 사양하고 싶을 만큼 미래의 불안은 감당하기 힘들다. 거기에 쇳덩어리 하나를 굳이 더 얹어 줘야 할까?

'꿈도 없고 무기력한 아이, 답답해요.'

어느 집 아이가 미술을 하게 해 달라, 음악을 하게 해 달라, 대학 안 가고 미용사가 될 거야, 하면서 엄마랑 부딪치고 싸운다는 얘기를 들으면 저는 오히려 그런 집이 부러워요. 열정과 용기가 있는 아이들은 뭐가 돼도 될 테고 실패하더라도 아직 되돌아 올 시간이 얼마든지 있잖아요. 우리 애처럼 잘하는 것도 없고 하고 싶은 것도 없이 얼렁뚱땅 시간 보내는 애야말로 속 터지는 애물단지죠.

제 나름으로는 무슨 계획이 있고 생각이 있지 않을까 해서 이런 저런 질문을 해 봐도 돌아오는 대답이라곤 '몰라', '아니', '그냥', 이게 다예요. 자기 생각이 있고 미래에 대한 진지한 고민이 조금이라도 있다면, 하다못해 앞날에 대한 걱정이라도 있다면, 이것저것 애를 써보지 않을까요?

아이의 소질을 알아보고 키워주고 북돋아 주는 게 부모의 역할이라 생각해서 어릴 때부터 이것저것 시켜도 보고 응원도 많이 해 줬는데 아무 소용이 없다니, 얼마나 실망스럽고 맥 빠지는 일인지 몰라요. 다른 아이보다 뛰어나지 못하다고 원망하는 게 아니에요. 왜 자기의 장점을 찾으려는 노력조차 하지 않느냐는 말이죠.

'어떤 길을 가라고 강요하지 말았으면 좋겠어.'

엄마, 나는 아직 내가 뭘 하고 싶은지 몰라. 그래서 이것도 해 보고 싶고, 저것도 해 보고 싶고 아니면 이것도 어려울 것 같고, 저것도 안 맞을 것 같고 그런 여러 가지 고민으로 생각이 복잡해. TV에서 멋진 변호사가 나오면 나도 그렇게 멋지게 법정에서 변론해 보고도 싶고, 정열적으로 일하는 의사 선생님이 나오면 나도 환자의 목숨을 살리는 따뜻한 의사가 되고 싶기도 하고, 멋진 쉐프가 나오면 여러 가지 재료로 생각지도 못한 음식을 만드는 쉐프가 되고 싶고 그래.

엄마는 내가 국어 등급이 잘 나오면 국어 선생님이 돼라, 국문과 교수가 돼라, 그러고. 내가 집에 있는 재료로 요리 하나 해 보면 쉐프가 되면 좋겠다면서 요리학원 알아보고. 미술 수행평가 점수가 잘 나오면 디자이너가 되라고 하고. 고민 많은 친구랑 이야기를 했다고 하면 심리학과에 가라고 하고.

매번 그러니까 이제 엄마한테 무슨 말하기가 두려워. 이번에는 나를 또 어디로 보낼까 해서 말이야. 엄마는 내가 어쩌다 잘 하는 거 하나만 발견하면 마치 계란을 사다가 부화를 시켜서 닭으로 키운 다음 닭을 팔아 염소 새끼를 사고 그 염소를 팔고 팔아 결국 소목장을 하거나 재벌이 되는 그런 꿈을 늘어놓잖아. 엄마가 보기에도 황당하지 않아? 가능성이 없기는 왜 없냐고? 노력하면 안 될 일이 어디 있냐고? 이럴 때 엄마가 참 답답하고 말이 안 통한다는 생각이 들어. 엄마는 그 말이 논리적이라고 생각하겠지? 하지만 내가 보기에는 순전히 나를 골탕 먹이려고 하는 말 같아. 길이 저쪽이니 당연히 저쪽으로 가기만 하면 된다고? 길을 알고 노력만 하면 누구나 성공한다고? 이제껏 너무 버릇없이 구는 것 같아서 말 안 했는데 이제 말해도 될까? 엄마, 노력해서 안 되는 일이 없는데 왜 엄마는 그렇게 살아? 엄마나 노력해서 잘 살아. 정말 노력이 그렇게 중요하고 어떤 역경이든지 헤쳐 나갈 수 있는 만병통치약이라면 왜 엄마는 그 묘약을 쓰지 않고 맨날 엄마 인생에 대해 신세한탄만 하는데? 이걸 알면서 왜 이제껏 말하지 않았냐고? 여러 번 말했어, 엄마. 이렇게 막장으로 말하지 않았을 뿐, 여러 번 말했는데 엄마가 못 알아들은 거야.

엄마, 이제 내가 스스로 갈 길을 찾을 수 있도록 내버려두었으면 좋겠어. 나도 내 미래가 두렵고 걱정 돼. 어떻게 살아야 하나 고민이 많다고.

날더러 왜 꿈이 없냐고 타박하면 초조한 생각이 들어. 남들은 꿈을 향해 나가는데 나만 바보인 것 같고. 그런 자괴감에 빠져있을 때 이거 해 봐라, 저거 해 봐라, 이게 네 적성에 맞는다, 하는 말을 들으면 '아, 그런가? 남들도 다 이렇게 자신의 꿈을 찾았나?' 하는 생각에 고개를 갸우뚱하게 된단 말이야. 평소에 하는 말로 봐서는 엄마 말이 그리 신빙성이 없는 것 같은데 그래도 살아온 세월이 있으니 믿어야 할 것 같기도 하고…….

수학 천재도 못 푸는 꿈과 직업의 사차원 방정식

인간 개개인이 가야할 길은 어떻게 결정이 나는 것일까? 몇 살쯤 결정해야 하는 것일까? 언제부터 인간이 자기가 가야 할 길을 결정해 온 것일까? 빨리 결정하면 할수록 목표에 다다를 확률이 높은 것일까? 가려고 마음먹으면 갈 수 있기는 하는 것일까? 언제부터 그런 의미에 꿈이라는 이름을 붙여온 것일까?

인류가 자신이 원하는 직업과 방향을 정해온 역사는 오래 되지 않았다. 원시 시대에는 굶어죽지 않기 위해 풀을 뜯거나 사냥하기 바빴고, 고대에는 노예로 태어나지 않으면 다행이었다. 이 시대에 자기가 원하는 길이 무엇인지에 대해 고민하는 인간이 있었다면 시대를 앞서기는 했겠지만 현실에 적응하지 못하는 사차원 취급을 받았을 것이다. 중세 시대에는 인간이 옴짝달싹하기 어려운 시대여서 자신이 가고 싶은 길을 택할 수 있는 사람은 손가락으로 꼽을 정도였다. 또 산업혁명 시기에는 인간의 평균 수명이 서른 살을 넘지 못했다고 한다. 그 짧은 생애 동안 과연 '무엇을 하고 살까'에 대해 고민을 할 시간이 있었을까?

근대에서 현대로 넘어오는 시기에 어떤 의미에서 인간의 자유가 확대되면서 인류가 자신이 정한 직업을 갖게 될 확률이 높아졌지만, 반드시 그것을 청소년기에 정해야 하거나, 직업이 그 사람의 행복 수준을 결정하지는 않았다.

심리학계에 널리 퍼진 이야기를 하나 소개하려 한다. 어떤 사람이 깜깜한 밤에 가로등 아래에서 뭔가를 열심히 찾고 있었다. 지나가던 사람이 물었다.

"무엇을 찾고 있나요?"

그 사람이 말했다.

"네, 잃어버린 열쇠를 찾고 있습니다."

"여기서 잃어버리셨나요?"

"아니요. 잃어버린 곳은 저쪽이지만 여기가 가로등 때문에 밝아서 이곳에서 찾고 있습니다."

적성에 맞는 일을 하면 행복할 수는 있다. 그러나 지금 자신이 행복하지 않은 이유를 직업 탓으로 돌릴 수는 없다. 의사가 안 되고 다른 직업을 갖게 돼서 불행한 삶을 살았다는 이야기가 있다면 그건 씨도 안 먹히는 말이다. 진정 의사로 행복할 사람이라면 뭐를 해도 행복할 수 있다. 의사가 되기 전에도 행복했으나 하고 싶은 일을 해보기 위해 의학공부를 했더니 더욱 뿌듯했다는 이야기만 있을 뿐, 의사가 되자마자 삶이 180도 달라져서 갑자기 행복해지는 시나리오는 없다. 의사랍시고 목에 힘주고 잘난 척하기 위해 의사가 되려고 하지 않았다면 말이다. 설사 그렇더라도 그 약발은 얼마 가지 않는다.

성공한 사람들의 전기를 읽어도 마찬가지다. '회사에 들어가서(혹은 다른 어딘가에서) 목적도 없이 정신없이 일하다가 번뜩 내가 지금 뭐하고 있지? 이게 내가 원하는 건가? 하는 생각이 머리를 스쳐서 다른 일을 하기로 마음먹고 그 길로 뛰어들었다'라는 이야기가 주를 이

룬다. 무슨 일을 하다가 너무나 불행해서, 너무나 우울해서 직업만 바꾸면 삶이 행복해질 것 같은 생각이 들어서 직업을 바꾸고 나니 정말 인생이 180도 변해서 행복해졌다는 그런 이야기는 없다.

행복이란 직업 이전의 것이다. 그러나 부모에게서 사회적으로 알아주지 않는 직업을 선택하면 행복하지 않다는 말(실은 부모 자신의 생각일 뿐이다)을 듣고 자란 아이는 나중에 성인이 돼서 자신이 행복하지 않은 이유를 직업 탓으로 돌린다. 그런 사람은 직업을 바꾸더라도 근본적으로 불행할 수밖에 없다.

직업은 꿈을 이루기 위해 도전하는 것이기도 하지만 먹고살기 위해 선택하는 것이기도 하다. 직업을 단지 성공을 위해서 혹은 꿈을 이루기 위해 선택하는 것으로 여길 때, '그런 허접한 직업을 갖느니 차라리 아무것도 안 하는 게 낫다'는 궤변이 나온다. 이렇게 직업 선택의 기준을 '성공'에 두다 보면 먹고 사는 문제를 외면하게 된다. 이런 직업관을 가지고 있는 부모들은 아이에게 주로 이런 말을 한다.

"저거 봐라. 공부 안 하면 저런 직업(구체적인 직업을 나열할 수 없음을 이해 바란다)으로 살게 된다. 저렇게 살래? 응? 저렇게 살고 싶어?"
"넌 왜 꿈이 없니? 뭐라도 배워 봐라. 네가 꿈을 위해 공부를 한다면 얼마든지 뒷받침해 줄 수 있어."

부모가 할 역할은 고등학교 졸업, 혹은 대학교 졸업할 때까지다. 아무리 돈이 많아도 더 이상의 뒷받침은 신중을 기해야 한다. 자녀가 성년이 지난 후에도 계속 교육비를 대달라고 한다면, 진정 꿈을 위한 간절한 요청일 수도 있지만 세상과 정면으로 부딪치는 일을 조금이라도 유보하고 싶은 마음 때문인지도 모른다. 부모가 뒷받침을 약속한 일정 기간의 학업을 마치면, 그 이상의 꿈은 본인이 스스로 준비해서 이루어야 한다. 커피 전문점에서 알바를 하든, 편의점 야간 알바를 하든, 자신의 의식주에 대해서는 스스로 책임지도록 하는 것이 옳은 방식이다. 이렇게 일과 학업을 병행하면서 나름의 취미 생활을 즐겨도 좋고, 자신의 삶에 대해 간절한 무언가를 계획해도 좋다. 자신의 꿈에 대한 진지한 모색은 부모 원조를 받으면서 놀고 있을 때보다 어딘가에서 힘들게 일하면서 세상을 알아갈 때 더욱 간절한 법이니까.

소설가 김영하에게 어떤 독자가 이렇게 물었다.

"어떻게 하면 소설가가 될 수 있나요?"

김영하가 이렇게 말했다.

"하지 마세요."

소설가는 이렇게 하면 된다고 길을 보여주고 안내한다고 되는 것이 아니다. 다른 일도 마찬가지다. 주변에서 뜯어 말려도 하고 싶은 일이 있을 때, 그게 바로 자신의 꿈이자 갈 길이다.

아이가 만들어 가는 밭에서 어떤 식물이 잘 자랄지는 아무도 알 수 없다. 산삼 떡잎이 하나 나왔다고 해서 그것에만 관심을 주고 다른 식물을 뽑아버린다면 아이가 갈 길을 잃을 수 있다. 아이들의 삶은 아이 스스로 개척하도록, 아이가 하고 싶은 일을 편견 없이 찾을 수 있도록 부모는 뒤로 물러나 있어야 한다.

만일 부모가 도와주고 싶다면 아이에게 세상을 보게 해 주자. 부모가 어떤 길로 가라고 강권하거나 빨리 길을 정하라고 압력을 넣는 대신, 다양한 곳에서 다양한 모습으로 살아가는 사람들과 다양한 직업을 가진 사람들을 만나게 해 줄 때 아이는 자신의 길을 만들어 가는 데 큰 힘을 얻게 된다. '누군 고등학생 때부터 앱을 개발해서 돈을 번다더라' 등의 이야기를 하면 아이에게 도움이 되기는커녕 부모 모양만 빠질 뿐이다. 이런 부모의 말에 아이는 속으로 쳇쳇 하면서 시니컬한 반응을 보일 가능성이 농후하다.

마트를 운영하느라 밤늦게까지 일하는 부모가 있었다. 이 부모는 집에 들어오면 피곤하고 힘들어서 아이들을 살갑게 돌봐주지 못했다. 가족끼리 놀이공원을 간다거나 외식을 하거나 하는 일은 너무나 요원한 일이었다. 그럼에도 이 부모는 아이들에게 세상을 보여주는 일을 게을리 하지 않았다.

"오늘 가게 앞에서 오토바이가 지나가는 사람을 치는 사고가 있었어. 오토바이 탄 사람도 넘어져서 다치고, 한순간에 차도가 아수라장이 됐지. 구급차랑 경찰이 오고, 보험회사에서도 오고, 난리도 아니었다. 그런데 구급대원들이 구급차에서 내리자마자 숙련된 기계처럼 손발을 맞춰서 착착 환자를 이송해 가고, 경찰이 재빨리 도로를 통제하니까 순식간에 상황이 정리되더라. 오늘 그걸 보고 많은 걸 배웠어. 사회라는 게 이래서 돌아가는구나 하고 말이야."

"오늘 어떤 손님이 자기가 다니는 대학병원 앞에 카메라 든 기자들이 진을 치고 있더라고 하더라. 그 말을 듣고 바로 뉴스를 검색해 봤지. 그랬더니 무슨 일이 있었는지 아니? 글쎄 그 병원에 미국 대사가 다쳐서 입원했다지 뭐니."

"오늘 어떤 손님이 계산을 빨리빨리 안 해 준다고 화를 벌컥 내더니 물건을 던지고 나가버렸어. 엄청 황당하더라. 조금 이상한 사람인 것 같았어. 그래서 어떻게 했냐고? 그 사람이 내던지고 간 물건을 제자리에 도로 올려놓았지. 그것 말고 할 일이 없더라고. 하하."

이런 사소한 세상 이야기들이 아이를 성장하게 한다. 이런 말들이 '구멍가게 한다고 나를 무시해! 더러운 세상! 너는 공부 열심히 해서 나처럼 살지 마라' 하는 등의 넋두리보다 아이들을 쑥쑥 크게 하고 세상을 제대로 보게 해 준다.

아이에게 세상을 보여 줄 때에는 빈 공간을 남겨 줘야 한다. 부모의 가치관과 정치관을 꼭꼭 담아 말하면 아이들은 듣기가 싫어진다. 부모가 하는 정치적 발언이 강하면 강할수록 아이들은 부모와 반대되는 정치적 견해를 갖게 된다는 사실은 이미 정평이 나 있다. 아이들은 박사 부모보다 자신의 공간을 남겨두는 부모를 존경하고 따른다. 아이가 어떤 꿈을 가질지, 언제 가질지, 가질지 말지를 결정하는 것은 순전히 아이의 몫이다.

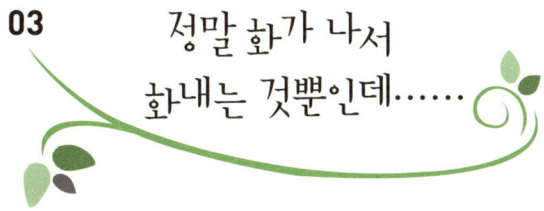

03 정말 화가 나서
화내는 것뿐인데……

사춘기에 접어든 남자아이들은 덩치가 커지고 남자다워지기 시작한다. 훤칠하게 변하는 아들 모습에 흐뭇해하는 것도 잠시, 정도의 차이는 있지만 폭력성이 도드라지기 시작해 엄마들의 가슴을 졸이게 만든다.

갑자기 '으아악' 하고 늑대처럼 포효하는가 하면, 아무 일도 없는데 혼자서 자기 방의 벽을 쾅 때려 지축을 울리기도 한다. 아연한 엄마들은 '이게 뭐지? 우리 아들 정상이야?' 하고 불안에 떠는데 정작 아들은 잠시 후 태평한 얼굴로 "밥 주세요" 하고 나오기도 한다.

이뿐만이 아니다. 친구와 통화하는 내용을 듣고 있자면 반 이상이 비속어이거나 욕이다. 별일도 아닌 일에 갑자기 버럭 화를 내며 문이

부서져라 방문을 쾅 닫고 들어가거나, 작은 일로도 동생이나 형에게 일촉즉발 몸싸움을 할 태세를 취하기도 한다.

이러다 어디서 누구를 때리거나 싸워서 학교 징계위원회로 불려가는 것은 아닌지, 언론 한 귀퉁이를 장식하는 통제 불능 인간이 되는 것은 아닌지, 선량한 시민으로 자라기는 할는지 엄마는 불안하기만 하다. 바늘 도둑이 소 도둑 되기 전에 아빠의 힘을 동원해서라도 아이를 다잡아 다시는 거친 행동을 못하도록 단단히 쐐기를 박아야 할 것 같기도 하다.

사춘기 아이의 대다수는 억울함, 외로움, 불안 등을 모두 '분노'라는 감정으로 받아들이고 표현한다. 요동치는 호르몬, 아이들을 들볶는 우리나라 교육 현실을 생각하면 어느 정도의 거친 행동은 정상적인 사춘기 증세로 여유 있게 바라 볼 필요가 있다. 이런 현상은 대개 전두엽의 정상화 과정과 함께 나아지게 된다. 다만 폭력의 정도가 증폭되거나 위험한 수준으로 치닫지 않으려면 자기감정을 바르게 쓰는 법을 배워야 한다.

아이가 느끼는 부정적 감정을 이해의 눈으로 받아주려면 부모가 먼저 자신의 부정적 감정을 자연스럽게 표현하려고 애써야 한다. 부모가 화가 났다는 사실을 분명하게 전달하되 품위를 잃지 않는 모습을 보인다면 아이도 넘지 말아야 할 선은 지킬 줄 알게 된다. 만약 이제까지의 습관대로 자기도 모르게 거친 방법으로 아이 앞에서 화를 냈다면 사과하는 용기가 필요하다. 변명이 아니라 화를 낸 방식이 잘못 됐노라고, 너를 두렵게 만들어서 미안하다고, 앞으로 달라지겠노라고 분명하게 말해야 한다.

자녀가 예의 바르게 자라서 다른 사람에게 인정받고 행복해지기를 바라는 마음은 어느 부모나 똑같을 것이다. 그러나 이런 바람을 이루기 위해 아이의 감정을 외면하고 억압한다면, 안타깝게도 아이는 그런 식으로 감정을 처리하는 부모의 방식을 배울 뿐이다. '이까짓 일이 화낼 일이야? 어디서 성질이야?' 하며 아이에게 더 세게 성질을 부린다면, 화난다고 동생을 때려서는 안 된다는 것을 '확실하게' 가르치기 위해 아이를 때린다면, 아이러니다.

엄마의 속사정

'수시로 화를 내는 아이, 어떻게 해야 할까요?'

폭력성이 사춘기 특징이라지만 그것도 정도가 있지 않을까요? 사실 우리 아이가 이럴 줄은 상상도 못했어요. 남자아이를 둘이나 키우다 보니 집안에서 질서를 유지하려면 소리도 지르고 가끔은 따끔하게 체벌도 해야 하기 때문에 저도 만만한 엄마는 아니거든요. 그런데 체격도 커지고 우락부락해진 아들 녀석을 더는 힘으로 제압할 수가 없게 됐어요. 무서운 표정을 지어봤자 아들이 더 도발적인 표정으로 쏘아보면 순간 가슴이 철렁하면서 어떻게 대응해야 할지 당혹스러워져요. 얼마 전에는 학원 갈 시간인데 하도 미적대길래 야단을 좀 쳤더니 글쎄 욕을 하지 뭡니까?

"에이 ×발, 재수 없어."

"뭐? 너 방금 욕했어? 엄마한테?"

하도 기가 막혀서 등을 한 대 후려 쳤는데 제 손목을 움켜잡더니 놓지를 않는 거예요. 세상에, 이제 혼자 힘으로는 아들을 훈육할 수도 없게 됐구나 싶으니 온 몸에 힘이 쑥 빠지는 기분이었어요.

이제 애를 통제할 사람은 아빠뿐인데 그렇다고 매번 아빠한테 나서라고 말하기도 걱정돼요. 아직까지는 아빠가 매를 들면 상황이 정리되기는 하지만 점점 대항하는 강도가 세지다 보면 아빠마저 아이를 통제할 수 없는 때가 오지 않을까 두렵거든요.

엄하게 가르치면 예의 바르게 잘 자라리라고 믿었는데…… 우리가 무슨 폭력 가정처럼 아이를 학대한 것도 아니고, 반듯하게 자라도록 단속한 것뿐인데…… 우리 어릴 때는 훨씬 무서운 부모 밑에서도 탈 없이 잘 컸고, 오히려 가정교육 엄하게 받은 게 자랑이었잖아요?

'왜 우리한테만 참으라고 해요?'

엄마, 사람들은 둘 중 하나인 것 같아. 힘 센 사람, 힘 약한 사람. 힘센 사람은 뭐든 자기 마음대로 할 수 있지만 힘이 약하면 어쩔 수 없이 상대방한테 맞추는 수밖에 없는 거고. 우리 집도 마찬가지 아니야? 우리 집에서 제일 힘센 사람은 아빠고, 다음은 엄마, 그래서 나는

싫어도 내 마음대로 못하는 거고.

어른들은 자기들은 참지 않으면서 항상 우리한테만 참으라고 해. 어른들은 마음대로 화내면서 왜 내가 화를 내면 버릇없는 일일까? 나도 일부러 그러는 게 아니라 정말 화가 나서 화를 내는 것뿐인데. 결국 어른들이 우리보다 힘이 세기 때문이잖아.

어릴 때부터 아빠한테 제일 많이 들은 말이 '이 버르장머리 없는 자식'인 것 같아. 깜박하고 어른들한테 인사만 빼먹어도 그렇게 말했어. 엄마도 마찬가지예요. 엄마는 동생이 먼저 깝죽대고 못살게 굴어서 싸우는데도 누가 잘못했는지는 묻지도 않고 나한테만 소리를 질렀어. 내가 그게 아니라고 화를 내면 어디서 엄마한테 소리 지르느냐고 윽박질렀고. 그때마다 나는 소리 지르는 게 버르장머리 없다면서 무섭게 소리 지르는 엄마를 보면서 참 불공평하다고 생각했어. 화도 못 내고 억울한 마음을 풀지도 못해서 엉엉 울기라도 하면 이번에는 사내자식이 바보같이 운다고 뭐라 했지.

동생은 가끔 징징 짜고 엄살을 부려서 학원을 빼먹고 숙제를 안 해도 그냥 넘어 가면서, 내가 그러면 한 번도 그냥 넘어간 적이 없었어. 오늘은 진짜 학원에 가기 싫다고 해도, 쓸데없는 핑계대지 말라고만 했잖아.

우리 집은 언제나 제일 힘센 아빠 기분이 바로 법이었어. 아빠 기분이 상해 있으면 거실 바닥에 양말 한 짝만 떨어져 있어도 왜 애들이 이 모양이냐고 소리를 지르고, 엄마한테 애들 교육 똑바로 시키라고 난리치고, 엄마는 결국 우리를 혼내고. 아니, 대부분은 나를 혼냈지만.

엄마가 친척들한테 내 성격이 '소심하게 꿍하다가 가끔씩 욱하는 게 영락없이 제 아빠 닮았다' 하고 말할 때마다 엄청 듣기 싫었어. 엄마도 아빠 욱하는 거 이용해서 '말 안 들으면 아빠한테 이른다' 하며 나를 협박하면서 왜 아빠랑 나를 싸잡아 흉을 보는지.

그러니까 우리 집은 힘센 순서로 계급장이 붙는 군대 같은 곳이라고. 아니, 학교도 세상도 다 군대 같은 곳이야. 학교 친구도 힘센 순서로 서열이 매겨지고 그걸 뒤집으려면 죽을 각오를 해야 해. 내가 초등학교 때 체격 작고 말도 잘 못하니까 애들이 은근히 무시하더니, 6학년 때 욱해서 나 괴롭히던 놈한테 제대로 한번 엉겨 붙고 나니까 그 뒤로 애들이 슬금슬금 피하기도 하고 함부로 대하지를 않더라고.

엄마, 나라고 내가 아빠 같은 사람이 되는 게 좋아서 그러겠어? 화 내고 소리 지르고 나면 시원한 건 잠시뿐이고 마음이 텅 빈 것 같아. 당연히 후회도 되고.

엄마, 이제는 엄마가 화를 내면 겁이 나는 게 아니라 화가 나. 거기에다 엄마가 '이 자식이 왜 이래' 하고 소리 지르거나 '그래, 그렇게 한 번 살아 봐, 어떻게 되나' 하고 비꼬기라도 하면 내 마음이 마치 불에 타버리는 것 같아.

나는 언젠가 진짜 강한 사람이 돼서 마음에다 갑옷 같은 걸 입히고 싶어. 분하다는 생각, 서럽다는 생각, 무섭다는 생각, 그런 거 하나도 못 느끼게 말이야. 감정은 위험하고 나쁜 거니까. 저번에 학교 상담실에서 약한 마음을 들켜 버린 적이 있는데 굉장히 당황되더라고.

"그 동안 정말 힘들고 외로웠구나……."

상담 선생님이 눈물 글썽한 눈으로 가만히 내 손을 두드려 주는데 갑자기 북받쳐서 창피하게 울어버렸어. 상담실 갈 때마다 능글능글 딴 소리만 하려고 결심했는데……. 신기한 건 막상 울고 나니 창피하기도 했지만 속이 후련하기도 하더라고.

"화가 나고 성질이 나는 건 나쁜 게 아니야. 그건 누구나 똑같거든. 하지만 화를 내는 방법은 좀 더 생각해 보자."

사실 난 상담 선생님이 해 준 이 말이 잘 이해가 되지 않았어. 화나는 게 나쁜 게 아니라고? 화를 내도 괜찮다고? 화를 내는 방법이 문제라고? 화를 낸다는 건 소리를 지르고 물건을 던지고 그것도 안 되면 한 대 치는 거잖아? 그게 화잖아? 무슨 다른 방법이 있다는 거지?

사춘기 마음을 읽는 지혜

화 자체가 아니라, 화를 내는 이유를 들여다보자

사람들은 상대방이 화를 내는 것을 싫어한다. 남이 내게 화내는 것에 익숙하지도 않고, 반대로 내가 화를 냈을 때 오히려 그것 때문에 곤란한 일을 겪었던 기억들이 뒤섞여서 화와 관련된 상황 자체에 거부감을 느끼기 때문이다. 이런 마음은 누구나 비슷하다. 그러나 부모 입장에서 아이를 키울 때에는, 특히 사춘기 아이의 '화'에 대해서는 다른 대처가 필요하다.

아이가 화를 내는 이유는 '화가 났기' 때문이다. 화는 화에 관한 버튼이 눌려지면 난다. 그런데 부모가 볼 때에는 이 버튼이 고장 나 잘못 눌린 것처럼 보인다. 화가 날 상황도 아닌데 화를 내고 있는 아이를 보면서 그게 제대로 된 화인지 판단할 수 없는 함정에 빠지는 것이다. 그러다 보니 대개 화를 내는 아이에게 이런 말들을 하곤 한다.

"그게 화 낼 일이니?"
→ 비슷한 말 : 너는 뭐가 춥다고 기침을 하니?

"그렇다고 화를 내니?"
→ 비슷한 말 : 지금은 기침이 안 나오는 게 맞는데 넌 왜 기침을 하니?

"넌 왜 그렇게 화를 잘 내니?"
→ 비슷한 말 : 넌 왜 그렇게 기침을 자주 하니?

이런 말을 하면 바로 싸움이 벌어지거나, 아이가 삐쳐서 문을 쾅 닫고 방에 들어가 버리는 상황이 벌어진다. 그러면 부모는 또 이렇게 말한다.
"속 좁게 그걸로 삐치냐?"
화를 오래 품고 있으면 오래간다고 뭐라고 하고, 얼굴 굳히고 있으면 웃지 않는다고 뭐라고 한다.

필자가 아는 후배는 살면서 엄마랑 싸운 다음 날이 제일 싫었다고 한다. 아침에 방긋 웃는 얼굴로 나가지 않으면 또 엄마에게 야단을 맞았기 때문이다. 화를 푸는 시간도 엄마가 정한 기준에 맞춰야 했던 것이다. 부잣집 딸이라 부족함 없이 풍족하게 지원받고 자랐지만 늘 엄마의 까다로운 기준에 허덕여야 했다고 한다. 엄마는 나름대로 사랑을 듬뿍 준 것이 분명하지만 자녀는 말한다. 늘 사랑받지 못해 허덕이고 궁핍했노라고.

부모들은 화내지 않는 아이로 키우기 위해 아이에게 화를 내지 말라고, 왜 화를 내느냐고 야단치면서 화내는 일을 봉쇄하려고 한다. 이런 일은 아이를 더 화나게 만든다. 자신의 기분이 잘못됐다고 하니까 혼란스럽고 괴롭다. 나는 화가 나는데, 화내면 안 된다고 하고, 이미 화가 났는데 화낼 일이 아니라고 하면 화가 더 난다. 마치 영화를 보고나서 재미있다고 하니까, 그게 뭐가 재미있느냐고 손가락질 받는 상황과 비슷하다. 비난을 받으니 부끄럽기도 하고, 내가 잘못됐나? 난 재미있었는데? 다음부터는 재미있어도 재미없다고 해야 하나? 이런 생각이 들어 혼란스럽기만 하다. 거기에다가 "그 영화가 재미없는 거라고 알려주는 건데 화는 왜 내니?" 하고 윽박지르면 '미~쵸버리게' 된다.

마찬가지다. 누군가 화를 낸다면 그 사람 처지에서는 그 화가 당연하고 정당하다. 화를 낼 만하니까 화를 내는 것이다. 여기서 화를 내는 아이에게 부모가 어떤 대응을 하는지가 아이로 하여금 세상을 어떻게 읽으면서 살아가는지를 결정하게 하는 중요한 갈림길이 된다.

1. 아이가 화를 낼 때 '화를 내는 건 하급의 인간이 하는 짓이다. 그러므로 어떤 일이 있어도 화를 내는 건 용납할 수 없다'라는 철학으로 아이를 대할 경우

이런 경우 아이는 억울하거나 부당한 일을 당해도 화도 못 내고 바로 잡지도 못하고 뒤에서 전전긍긍하며 살아가게 된다. 그러고는 자신이 착해서 참는 것이라고 생각한다. 이런 사람들은 화를 잘 못 낸다. 자기가 성인군자라서 화를 안 낸다고 생각하지만 안 내는 게 아니라 못 내는 것이다. 고기도 먹어 봐야 잘 먹는다고 화도 내 봐야 적재적소에 잘 낼 수 있다.

이런 사람들은 부당한 일을 겪었을 때, 세상 또는 상대방이 자기를 골탕 먹이려고 일부러 이런 일을 벌인다고 생각한다. 이들 앞에 이해 못할 일이 벌어지면 일을 바로잡으려고 노력하는 대신 일단 참는다. 그 다음에 또 참는다. 그리고 또 참다가 결국은 폭발하면서 끝장을 본다. 사표를 던지든가, 자퇴를 하거나, 모임을 탈퇴하거나, 손해를 보면서까지 일을 중단한다.

이들에게 부당함이란 협의를 통해 개선해야 할 문제가 아니라 상대방이 일부러 나에게 가하는 못된 의도일 뿐이다. 이런 관점을 지닌 사람들은 부당함을 바로잡으려고 해 봐야 그에 따르는 보복과 후폭풍이 당연히 뒤따라오기 때문에 아무 소용이 없다고 생각한다. 이들은 오직, 결정적인 순간에 내지르는 한마디만이 가치 있다고 생각한다.

"인생 그 따위로 살지 마!"

"잘 먹고 잘 살아라!"

"더러워서 관둔다!"

화를 내는 아이에게 속 좁다고 손가락질하고 야단치고 화를 못 내게 하면 이런 사람으로 자란다. 물론 이런 아이들이 화를 전혀 안 내는 것은 아니다. 이런 아이들은 대부분 화를 내다가 부모에게 야단 맞고, 또 화를 내다가 부모에게 야단을 맞는 상황을 되풀이해서 겪는다. 부모가 이처럼 아이가 화를 내는 이유에 귀를 기울이기 보다는 화내는 것 자체에 과잉대응을 하게 되면 문제를 해결하는 방향이 아닌 엉뚱한 길로 끌고 가게 된다. 화를 내게 된 문제의 본질에는 근처에도 못 가면서 오직 화를 냈다는 사실만으로 아이와 말씨름을 한다. 이렇게 자란 아이들은 자신의 감정에 대해 솔직하지 못하고, 자신의 감정을 통제하려 하지만 실패하고, 자신이 왜 화를 냈는지를 제3자에게 해명하기에 바쁜 삶을 살게 된다.

2. 평소 아이가 하는 말에 아랑곳하지 않고 부모 마음대로 하려고 하다가 아이가 무섭게 폭발할 때에만 져주는 경우

이런 경우 아이는 화를 심하게 내거나 폭발하면 일이 뜻대로 이루어진다는 비합리적인 신념을 배우게 된다. 그러나 아이의 이러한 신념은 오직 집안에서만 허락된다. 세상은 이들이 화를 낼 때 받아줄 만큼 호락호락하지 않다. 물론 통하는 때도 있다. 주변에 힘이 약한 사람들이 있다면 화를 심하게 내고 윽박지름으로써 자신의 뜻을 이루기도 한다. 우리는 그런 사람들을 '조폭'이라고 부른다. 이처럼 화를 덜 내면 듣는 척도 안 하다가 화를 폭발시킬 때에만 져주는 척하면서 무리한 요구를 들어주는 방식으로 대응하면 아이들은 세상의 이치와는 다른 철학을 가지게 된다.

결국 화를 내는 아이가 아니라 화를 감당하지 못하는 부모의 문제다. 그저 일반적인 감정의 표출에서 끝날 일이 부모의 행동 여하에 따라 본질에서 벗어난 문제까지 끼어 들어가서 심각한 상황이 만들어지곤 한다.

그렇다면 아이가 화를 낼 때 부모는 어떻게 대처해야 할까?

아이가 느닷없이 화를 내든, 상황에 맞지 않게 화를 내든, 아이가 화를 내는 데는 나름대로 이유가 있다. 그 이유를 들어보고 우선 아이가 화를 내게 된 원인부터 해결해야 한다. 그러고 나서 아이와 화를 내지 않고 의사소통하는 방법에 대해 대화해야 한다. 아이를 화나게 한 상황은 들어보지도 않고, 화낸 사실만 물고 늘어진다면 아이 입장에서는 원인은 그대로 있는데 표현마저 못하게 되는 것이다. 아이를 벼랑 끝에 세우는 셈이다.

아이가 화를 낼 때 다짜고짜 화를 낸 행동 자체에만 반응하면서 한숨을 몰아쉬는 부모가 있다면, 이는 부모 자신이 화를 대하는 방식에 문제가 있기 때문이다. '화'라는 감정 자체에 두려움과 적대감을 갖고 있는 사람이 의외로 많다. 화 또는 분노는 기쁨과 마찬가지로 누구나 느끼는 자연스러운 감정이다. 따라서 상황과 상대방에 맞게 적절히 대처하는 방식을 고민할 필요는 있지만, 이런 감정이 일어날 만한 상황을 일부러 피하거나 감정 자체를 억누르면 더 큰 문제를 일으킬 수 있다. 이런 사람은 타인이 화를 낼 때마다 억눌렀던 내적 갈등이 증폭돼 실제보다 과도하게 반응하는 경우가 많다. 특히 부모가 이런 모습을 보일 경우 아이도 자라면서 비슷하게 닮아갈 가능성이 있다.

아이가 화를 낼 때에는 화를 낸 상황에 주목하지 말고 아이를 화나게 한 상황에 관심을 두고 대화해야 한다. 지금 아이는 자신을 화나게 만든 문제에 대해 부모와 이야기하고 싶다는 의지를 '화를 통해 소극적으로 표현'하고 있는 것이다. 이럴 때 부모는 '지금 네가 화를 내는 이유를 잘 모르겠으니 알려주기를 바란다'는 태도로 다가가야 한다. 이때 설령 아이의 바람을 눈치 챘더라도 아이가 말하지 않는 이상 넘겨짚어서는 안 된다. 필자가 수많은 상담 장면을 경험한 바로는 아이가 화를 내는 속셈을 알고 있다고 말하는 부모의 선견지명은 100퍼센트 정답이 아니었다. 부모는 아이의 사고체계보다 앞서나가면서 자신이 옳다고 주장한다. 아이가 아무리 그게 아니라고 해도 말이다. 아이는 부모가 상상하는 대로 생각하지도 않을 뿐더러, 오히려 부모의 억측 때문에 더욱 힘들어한다.

"네가 바라는 게 이거지? 이것 때문에 지금 화내는 거지? 엄마가 모를 줄 알고? 귀신을 속이면 속였지, 엄마는 못 속인다."

아이들은 부모가 자기 말을 들으려 하기는커녕 자신의 의도를 이상하게 해석해서 자신을 뻔뻔하고 염치없는 인간으로 여길 때마다 분노와 좌절의 고통스러운 낭떠러지를 경험하게 된다고 말한다. 그럴 때면 '정말 엄마가 말하는 대로 살아버릴까?' 하는 분노와 함께 '이러다 인생 망칠 수도 있겠구나' 하는 생각이 든다고 한다. 아이가 화내는 이유와 바람을 알고 있다고 말하는 부모의 자만이 오히려 갈등과 상처를 부추기는 꼴이다. 이런 태도로는 아이와 계속 엇나갈 수밖에 없다. 아이가 사춘기 시절에 겪는 감정의 회오리를 옆에서 함께 견뎌줘야 하는 부모가 오히려 아이에게 더 큰 태풍을 불어대서야 되겠는가?

사이코패스 같다고 하면서 부모가 상담실에 데려온 사춘기 아이들 중에 '이 아이는 정말 사이코패스가 될 것 같다'고 생각되는 아이는 한 명도 없었다. 오히려 다정다감하고 눈물이 많은 아이들이었다. 아이들과 상담실에서 인생과 인간관계, 고통과 성장 등에 대해 이야기하다 보면 아이들 하나하나가 잘 살아가기 위해 무진장 애쓰고 있다는 사실을 알게 된다. 그럴 때마다 마음속에서 깊은 감동이 몰려온다. 그런 감동을 부모도 함께 나누면 얼마나 좋을까마는 아이를 삐딱한 눈으로 보는 부모들은 이런 이야기에 귀를 기울이지 않는다. 이런 부모들은 오직 자신이 바라는 대로 아이가 따라주기를 기대한다. 아이가 진실로 원하는 것에는 별 관심이 없고, 자신의 계획대로 아이가 따라주기만을 바란다. 이럴 때 아이는 더 화가 난다.

아이가 화를 내는 이유는 아무리 해도 자신의 말이 상대방에게 전달되지 않기 때문이다. 작게 이야기해도 소통이 잘 되는 분위기에서 화를 내는 사람은 없다. 아이가 화를 내거든 화를 낸 사실에 대해 대응하지 말고 왜 화가 났는지 들어주자. 그래야 아이가 더 이상 화를 낼 필요가 없다는 사실을 알게 된다. 이 책의 4장 중 '05 사춘기 아이와의 갈등을 푸는 마법의 한마디(215쪽)'를 읽어 보면 더욱 도움이 될 것이다.

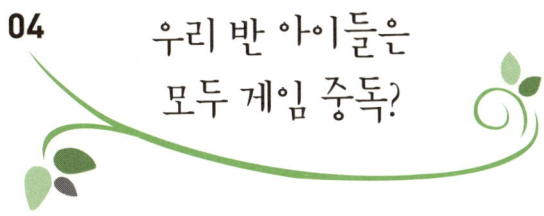

04 우리 반 아이들은
모두 게임 중독?

스마트폰의 시대다. 아이나 어른이나 손에서 스마트폰이 떨어질 틈이 없다. 늦은 밤에는 아이들을 컴퓨터에서 떼어놓자는 '셧다운제' 조차 스마트폰에는 적용되지 않는다. 언론에는 게임 중독으로 인한 폐해가 단골메뉴로 등장한다.

단 한 번도 내 아이의 스마트폰이나 게임 중독을 의심해 본 적이 없는 엄마가 몇이나 될까? 밥 먹을 때에도 잠 잘 때에도 스마트폰이 없으면 안절부절못하는 아이를 보고 있자면 영락없는 중독 증상인 것 같기도 하다. 공부를 방해하고, 엄마와 눈도 맞추지 못하게 하는 이 괴물을 가능한 한 우리 아이와 멀리 떼어놓고 싶다. 하지만 아이들에게 스마트폰과 게임은 이미 애인보다 깊은 사이다. '내 눈에 흙

이 들어가기 전에는 이 결혼 허락 못해!' 하고 길길이 뛰는 시어머니가 연인들의 열정에 오히려 기름을 붓듯, 게임을 끊게 하기 위해 섣불리 아이들의 스마트폰을 뺏겠다고 나서는 것은 낭패 보기 딱 알맞은 발상이다. 하도 게임에 목을 매기에 컴퓨터도 없애고 스마트폰도 뺏어서 안심하고 있었는데, 나중에 보니 학원 갈 시간에 PC방에 가고, 중고 스마트폰을 구입해 할 거 다 하고 있더라는 이야기는 흔하디 흔하게 듣는 사연이다.

필요한 순간에 자신을 통제할 수 있는 수준이라면 아이의 게임에 지나치게 예민할 필요는 없다. 우리 청소년들이 세계 어느 나라보다도 컴퓨터나 스마트폰을 길게 사용한다는 것은 맞는 사실이지만, 공부 시간이 세계에서 가장 길다는 것 역시 우리나라 청소년들이 맞고 있는 현실이다. 낙이라곤 게임뿐인 우리나라 아이들을 여가 활동이 활발한 다른 나라 아이들과 단순 비교하는 것은 억울한 처사다.

세대마다 문화가 다르다. 다른 세대의 문화를 자기 시각으로만 판단하면 '꼰대'라는 손가락질을 받기 쉽다. 어릴 때 만화 가게에 붙어 살다가 어머니께 무시로 혼이 났던 지인이 포털 웹툰에 꽂힌 딸을 못 참아서 들들 볶는 모습을 보면 웃음이 난다. 단편적이고 감각적인 정보보다 깊이 있게 책을 읽어라, 이왕이면 감수성 예민할 때 다양한 인문학과 문학을 읽어 두라는 말이 백 번 옳아도 이제 스마트폰과 컴퓨터를 쓸데없이 시간 때우는 도구로 무시할 수만은 없게 됐다. 이것들이 아이들에게는 친구와 소통하는 수단이자, 자기를 표현하고 새로운 세상으로 나가기 위한 관문이기 때문이다.

세상이 달라지는 속도가 워낙 빨라진 지금, 아이는 엄마와 달라도 한참 다른 세대다.

'게임 중독, 스마트폰 중독이 아닐까요?'

공부를 하다가도 카톡, 밥을 먹다가도 검색, 휴일에 컴퓨터 앞에 앉아 게임을 시작하면 어지간해서는 끝내지를 않아요. 요즘은 게임을 단체로 하는지 헤드폰에 마이크까지 켜놓고 소리를 질러가며 흥분하는 걸 보면 게임에 목숨을 건 게 틀림없어요.

공부를 해 봐야 집중이 될 리가 없겠죠. 밥 먹는 시간에는 절대로 스마트폰을 보지 않기로 몇 번이나 약속해 놓고도 지키지를 않아요.

"이건 진짜 중요한 연락이야. 이번 한 번만."

"내일 날씨만 검색할게. 내일 나 시내 나가잖아. 미안."

어제는 스마트폰 때문에 그렇게 좋아라 하는 개그 프로그램의 웃음 포인트까지 놓치는 불상사가 벌어졌어요. 발을 동동 구르며 어떻게 된 거냐고 묻기에 기회다 싶어 한마디 했죠.

"봐, 스마트폰 때문에 개그에도 집중 못하잖아."

아이도 굴하지 않더군요.

"흥, 그런다고 아쉬울 줄 알아? 검색하면 다 나와."

아무래도 아예 컴퓨터를 끊고 스마트폰도 압수했다가 정해진 시간에만 잠깐 보게 해야 하지 않을까요? 게임 중독에 빠진 청소년이 엄청나다고 하잖아요. 미움을 받더라도 아이를 위해서 특단의 조치를 취할 수 있는 사람이 엄마 말고 또 누가 있겠어요?

'우리가 즐기는 건 죄다 중독인가요?'

"너 이러다 게임 중독된다. 아무래도 병원에서 검사 한 번 받아봐야겠어."

엄마가 이런 말 할 때가 제일 짜증나는 거 알아요? 엄마, 인터넷에 게임 중독의 정의에 대해 한번 찾아봐. '게임으로 인해 일상생활을 하기 힘들고, 본인 스스로 통제하지 못하며, 가상과 현실을 구분하지 못하고, 주위 사람도 고통 받는다'라고 쓰여 있다고요. 나는 학교도 제대로 가고 친구들이랑 재미있게 지내고 필요할 때 스스로 끌 수도 있는데 왜 내가 중독이라는 거야? 나는 건강해. 중독이랑 거리가 멀다고.

하는 시간이 길면 다 중독이야? 그럼 드라마 길게 보는 엄마도 TV 중독이겠네? 아빠는? 집에서도 컴퓨터 자주 보잖아? 나도 컴퓨터나 스마트폰으로 게임만 하는 거 아니거든? 필요한 검색도 하고 친구들이랑 카톡으로 대화도 하고.

아빠가 축구 결승전 결과 검색하고 댓글 다는 건 취미 생활인데 내

가 연예인 관련 기사 검색하는 건 중독이라고? 엄마가 카카오톡이랑 밴드에 글 올리고 사진 올리는 건 인간관계 관리고 내가 하는 건 중독 행동이야?

우리한테 스마트폰이나 인터넷은 노트나 연필 같은 거야. 게임만 하는 게임기가 아니라고. 옆에 없으면 마음이 불안해지는 건 중독이라서가 아니라 필수장비기 때문이라고.

물론 그만해야지 하면서도 컴퓨터 앞에서 일어서기 쉽지 않을 때나, 공부할 때에도 자꾸 캐릭터 생각이 날 때면 '내가 진짜 게임 중독인가? 조심해야겠다'는 생각이 들기도 해. 내 눈에도 쟤는 진짜 중독인가 보다 싶을 정도로 게임에 집착하는 친구도 있고. 하지만 자세히 알지도 못하면서 무조건 게임 중독이라는 엄마 말은 대꾸조차 하고 싶지 않아.

친구들이 그러더라고. 엄마들이 말하는 대로라면 게임 중독, 스마트폰 중독 아닌 애는 우리 반에 한 명도 없을 거라고. 엄마가 말하는 중독은 그냥 내가 엄마의 속사정대로 안 된다는 뜻 아니야? 공부 시키고 싶은 시간에 내가 컴퓨터 켜고 있으면 중독이라고 생각하는 거 아니냐고? 전에 학원 갔다 와서 게임 시작한 지 10분도 안 됐는데 엄마가 들어와서 "허구한 날 게임이구나" 하면서 얼굴 찡그렸을 때에는 정말 어이가 없었어. 엄마도 같이 개그 프로그램 봐 놓고 갑자기 화를 벌컥 내며 "넌 아직도 공부 안 하고 이러고 있니?" 할 때에는 또 어떻고?

엄마, 엄마야말로 날 게임 캐릭터 취급하는 거 아니야? 엔터 키만

치면 곧바로 공부하고, 밥 먹고, 운동하고, 컴퓨터 재깍 끄고. 그런 애는 엄마 머릿속에만 존재해. 현실에는 없다고. 그걸 모르면 가상과 현실을 구분 못하는 중독 증세야. 이런 말 하긴 미안하지만 현실에서 이루어질 수 없는 걸 바라면서 주위 사람, 바로 자기 자식을 괴롭게 만드니까 엄마가 중독 아니야? 잔소리 중독. 미안해. 나를 위해서 걸린 병이니까 하루빨리 완쾌되기를 기도할게.

사춘기 마음을 읽는 지혜

게임과의 한판 전쟁으로 아이와의 관계가 망가진다면?

한국정보화진흥원에서 조사한 2014년 인터넷 중독률은 전체(만3세~59세) 6.9%인데 청소년 중독률은 12.5%이고, 스마트폰 중독률은 전체(만3세~59세) 14.2%인데 청소년 중독률은 29.2%였다. 이곳에서 진행한 스마트폰 중독 조사는 다음과 같은 주요 증상을 기준으로 삼았다고 한다.

1. 스마트폰 사용이 공부에 방해된다.
2. 스마트폰 사용이 습관화된다.
3. 그만해야지 하면서도 계속 사용하게 된다.
4. 스마트폰이 없으면 불안하다.
5. 스마트폰을 자주 사용한다는 지적을 받는다.

하나 같이 청소년이 있는 가정에서 주로 호소하는 문제들이다.

청소년이 있는 가정에서 인터넷 게임과 스마트폰은 아이의 학업을 방해하고 귀가 시간을 늦추며 학원을 빼먹는 등의 문제를 일으켜 아이와 부모와의 갈등을 심화시키는 요인으로 작용한다. 또한 아이 개인적으로는 충동 및 공격성을 증가시키고 주의집중력이 떨어지며 우울이나 불안 등 심리적 문제를 일으키기도 한다.

이미 인터넷 게임 등의 문제로 이런 갈등이 시작된 가정에서는 온 가족이 인터넷 게임과의 한판 전쟁을 벌이게 된다. 시시때때로 아이가 어디에 있는지 확인하고 학원에 가 있는지 의심하며 정해진 시간에 들어오지 않으면 카톡과 전화를 수시로 울리다가 전원이 꺼지기도 하며, 급기야는 PC방 순찰에 나서기도 한다. 상황이 이 정도면 이미 그 가정은 거의 생지옥을 경험하고 있다고 말할 수 있다.

혹시 이와 유사한 상황이라면 먼저 우리 가정이 인터넷 게임을 하는 아이 중심으로 돌아가고 있지는 않은지 자문해 보라. 부부 간 전화 통화의 주요 화제가 게임에 빠져있는 아이의 소재지와 근황 파악이라면, 혹은 아이와 통화나 대화를 할 때 주요 의도가 게임을 근절시키는 데 있다면, 아이의 인터넷 게임 문제만 해결되면 우리 집이 행복해질 것이라고 믿는다면, 이미 그 가정은 벼랑을 향해 가고 있다고 볼 수 있다. 부모의 이런 규제와 통제는 아이로 하여금 인터넷 게임에서 멀어지게 하기 보다는, 오히려 더욱 집착하게 만든다. 부모의 의도와는 달리 아이는 가정으로 돌아올 생각을 하지 않는다. 이런 아이들을 어떻게 해야 할까?

만일 아이에게 공격 행동이 있다면 게임 중독에 앞서 이 문제를 먼저 다루어야 한다. 요즘 게임은 싸우고 때리고 죽이는 공격적인 내용이 많기 때문에 아이가 게임을 하다 보면 자연스럽게 공격성이 증가하고 현실과 게임을 구분하지 못하게 된다고 한다. 일면 맞는 말이다. 공격적인 게임을 하다 보면 공격성이 몸에 습득되는 것이 사실이고, 게임을 잘 수행해내려면 공격적인 마인드로 무장해야 하기 때문이다.

그러나 아이를 더욱 공격적으로 만드는 원인은 게임 속 폭력적인 장면이 아니라 인터넷 게임으로 인한 현실 부모와의 싸움이다. 매일 규제하고 체크하고 비난하고 잔소리하는 부모와 싸우는 과정에서 아이의 분노와 공격성이 더욱 커지는 것이다.

상담실을 찾은 어떤 어머니는 아이의 게임을 그만두게 하려고 '그만해라. 공부해라. 자고 일찍 일어나라' 잔소리하고 혼내다, 나중에는 6학년이 돼서 덩치가 커진 아들에게 쌍소리를 듣고 맞는 사태까지 이르렀다고 한다. 믿기지 않겠지만 이런 일이 드물지 않다. 인터넷 게임 중독 현상은 아이가 마음먹고 협조가 잘 되면 치료가 가능하다. 반면에 공격성은 가족 관계와 양육 방식 전반에 대한 진단과 개입이 필요하다.

그렇다면 도대체 어떻게 해야 아이가 인터넷 게임의 늪에서 빠져나올 수 있을까? 게임에 빠진 아이들은 크게 두 부류로 나뉜다. 하나는 단순히 게임이 재미있어서 게임에 빠져 즐기는 아이와, 다른 하나는 부정적인 감정에서 벗어나려고 게임에 빠진 아이다. 이 중에서 전자는 비교적 중독으로 발전하지 않고, 게임 중독에 빠지더라도 치료가 잘 되는 경향이 있다고 한다. 그러니 재미에 흠뻑 빠져서 게임을 하는 아이를 야단치고 혼내다가 부모와의 갈등을 심화시키고, 이로 인해 후자, 즉 괴로운 감정에서 벗어나려고 게임에 매달리는 아이로 만들어서는 안 된다.

인터넷 게임 중독 치료는 아이 스스로 자신에게 문제가 있다는 인식을 갖게 하는 데서 시작한다. 이를 토대로 변화 동기를 부여하고, 생활 패턴과 인터넷 사용 패턴을 분석해서 인터넷 사용과 멀어지는 환경을 만들어줌으로써 아이 스스로 게임 시간을 줄일 수 있도록 돕는다. 그러나 부모 손에 이끌려 상담실로 온 아이들은 대부분 자신에게는 아무 문제가 없다고 부인한다. 자기는 인터넷 게임을 하는 시간이나 빈도에서 아무 문제가 없는데 엄마가 오버하는 것이라고 항변한다.

사실 상담을 진행하다 보면 처음에는 자신의 인터넷 사용에 문제가 없다고 우기던 아이들 대부분이 스스로도 그 문제에 대해 고민하고 있음을 알게 된다.

"너, 진심으로 네가 컴퓨터 게임을 하는 데 아무 문제가 없다고 생각하는 건 아니지?"

"에이, 아니에요. 알고 있어요. 고치려고 해 본 적도 있어요."

아이들은 문제 인식이 없거나 모르고 있던 것이 아니라 부인하고 있었을 뿐이다. 부모와의 관계가 좋아지지 않는 한 아이는 절대로 부모에게 자신의 문제를 시인하지 않는다.

어떤 종류의 상담이든 상담의 1차적 과제이자 관문은 '라포(rap-port) 형성'이다. 이것은 상담을 받는 사람이 상담자에게 자신의 문제를 어느 정도 솔직하게 털어놓을 수 있을 정도로 신뢰가 생기는 것을 말한다. 아이가 PC방에 틀어박혀 부모 속을 썩일 때뿐만 아니라, 자신의 문제를 인정하지 않고 화를 내거나 소리를 지를 때 부모가 해야 하는 1차적인 과제도 마찬가지다. 즉, 아이와의 관계 회복이 먼저다.

그런데도 많은 부모가 이렇게 말한다. 아이가 게임을 그만해야, 아이가 자기 문제를 인정해야 관계가 회복된다고. 그러려고 매일 아이와 전쟁을 벌이는 것이라고. 이래서는 관계 회복도 아이의 문제를 해결할 길도 멀어질 뿐이다. 잔소리와 비난과 야단이 부모의 카타르시스에는 도움이 될지 몰라도 교육적인 측면에서는 어떤 효과도 기대할 수 없다. 교육은 효과적인 방법으로 해야 한다.

아이를 게임 중독에서 벗어나게 하고 싶다면 무엇보다 먼저 아이가 게임을 안 하는 시간에 무엇을 해왔고, 무엇을 할 수 있는지를 평가해 봐야 한다. 만일 게임을 하지 않는 시간에 야단을 맞고 잔소리만 들어 왔다면, 더 나아가 게임에 빠져 산다는 이유로 가족에게 왕따 취급을 받으며 눈치만 보고 지내 왔다면, 이 아이가 게임을 하지 않을 때 만족스러운 삶을 살아갈 가능성은 낮다. 억지로 게임과 떼어놓는 데 성공하더라도 아이는 무슨 수를 쓰든 도로 게임으로 달려갈 공산이 크다. 이러한 악순환을 반복하지 않으려면 아이가 일상을 잘 유지할 수 있게 해 주는 가족의 여가 활동을 만드는 것이 중요하다.

이때 여가 활동이란 여행이나 놀이공원을 가는 등의 이벤트성 활동이 아닌 일상적으로 할 수 있는 가족 활동을 말한다.

예를 들면 가족이 함께 특정한 TV 프로그램을 보거나, 보드 게임을 하거나, 치킨을 시켜 먹거나, 퍼즐을 맞추거나, 산책을 가거나 하는 등의 활동을 말한다. 아니면 각자가 방에서 서로가 하고 싶은 일을 하면서 편안하게 있는 것도 도움이 된다. 공부하라고 잔소리 하지 말고, 빈둥거리지 말라고 감시하지도 말고, 어제 늦잠 자다가 지각한 것에 대해 응징하지도 말고, 다시는 게임하지 말라고 눈물로 읍소하지도 말고, 그저 평화롭게 시간을 보낼 수 있도록 해 주는 것도 도움이 된다.

가족이 정기적으로 외식을 하는 것도 도움이 되는 활동이다. 아이가 PC방에 있어서 같이 갈 수 없다면 이렇게 문자를 보낸다.

'우리 ○○○에 밥 먹으러 갈 건데 같이 안 갈래? 아무리 게임이 좋아도 밥은 먹어가면서 해야지?'

만일 아무 응답이 없다면 다른 가족만 일상 활동을 즐긴다. 가정사가 게임에 빠져있는 아이 중심으로 돌아가면 안 된다. 이것은 꼭 아이를 게임에서 벗어나도록 하기 위해서뿐만 아니라, 가족 구성원 모두의 행복한 생활을 위해서도 도움이 되는 방식이다. 이번에 가지 않았다면 다음 주에 똑같은 문자를 보낸다. 아이가 가든 안 가든 나머지 가족은 행복하게 지내는 것이 좋다. 언젠가는 걸려들게 돼 있다.

만일 아이가 PC방에서 빠져나와 같이 식당에 간다면 게임 얘기는 안 하는 것이 좋다. 아니, 하지 말아야 한다. 옳다구나 싶어서 일장 연설을 하면, 아이는 두 번 다시 가족과 함께 외식하러 갈 생각을 하지 않는다. 게임뿐만 아니라 공부, 생활 습관 등 아이에게 부담될 만한 얘기는 하지 말고 즐거운 얘기만 하면서 식사를 즐겨야 한다. 딱히 할 얘기가 없다면 차라리 별 얘기 안 하는 편이 낫다. 식사가 끝난 후에 아이에게 물어봐서 도로 PC방에 가겠다고 하면 그러라고 해야 한다. 아이를 PC방에서 빼내려고 돈을 얼마나 들여서 밥을 사줬는데, 다시 PC방으로 돌려보내고 오라고? 그렇다. 아이가 가고 싶다고 하면 가게 하는 것이 좋다. 이 시점에서 싸우는 것은 어리석은 일이다. 아이의 의지와 반대되는 강요와 강압은 먹히지도 않고 도움 되지도 않는다. 헤어지면서 무슨 말이라도 하고 싶으면 게임을 하더라도 밥은 먹어가면서 하라고 하면 된다. 아이의 속마음을 편하게 해 줘야 한다.

게임만 하는 놈 뭐가 무서워서 부모가 눈치나 살살 보면서 하고 싶은 얘기도 못 하느냐고 화내는 부모들도 있다. 아이 눈치를 보라는 뜻이 아니다. 어떤 상황에서든 아이를 존중해 주라는 뜻이다. 그 상황에서 욕하고 때려 봐야 아무것도 못 건진다. 아이에게 반(反) 교육을 가르치는 일이다.

동창 중에 고등학생 때부터 담배를 피운 친구가 있었다. 하루는 방에서 담배를 피우고 있었는데 아버지가 벌컥 방문을 열고 들어오셨다고 한다. 두 사람 다 놀란 상황이었는데, 아버지가 더 놀랐는지 도로 나가려고 하다가 미닫이문을 자꾸 바깥쪽으로 밀어대는 바람에 문이 안 열려서 더 당황해하셨다고 한다. 그 친구 아버지는 그때는 물론 그 이후로도 아들이 담배 피는 것에 관해서는 아무 말씀도 안 하셨다고 한다.

이 아버지는 자식을 수수방관한 것일까? 교육이 뭔지 몰라서 그랬을까? 아니다. 이것은 '존중'이다. 존중이란 작은 것을 취하기 위해 큰 것을 버리지 않는 마음이다. 공부나 학교, 성공 등의 작은 가치를 얻기 위해 더 큰 가치인 부모 자식 간의 유대와 인간에 대한 예의를 저버리지 않는 것이다. 소소한 가치들조차 강압적으로는 얻어지지 않는다. 아이를 때리거나 비난하지 않고 아이를 존중하는 것, 세상에 이것만큼 확실하게 가치를 되돌려 받는 투자는 없다.

중독의 다른 말은 '무책임'이다. 직장을 다니는 사람이 매일 다음 날 일하기 힘들 정도로 술을 마시고 자신의 의지와 관계없이 끊지 못하면 중독이다. 도박이나 게임에 빠져서 갚지 못할 정도의 빚을 지고도 생활을 바로잡을 생각을 안 하는 것이 중독이다.

무책임한 사람에게는 공통적인 특징이 있다. 바로 대신 책임을 져 주는 사람이 옆에 있다는 점이다. 이것 해라, 저것 해라, 이것 하지 마라, 저것 하지 마라, 하면서 인생을 통제해 주는 사람이 반드시 가까이에 있다. 대신 계획 세워 주고, 대신 통제해 주고, 대신 야단쳐 주고, 대신 고민해 주고, 대신 울어 주고, 대신 해결해 주는 사람 때문에 자기 스스로 인생에 대해 깊은 고민과 반성을 할 기회는 점점 더 멀어진다. 부모로서는 아이가 스스로 생각을 하지 않으니 속이 터져서 대신 책임져 주는 것이라고 변명할 순 있지만, 마치 막장 드라마를 욕하면서 보듯이 욕하면서 모든 것을 대신 해 주는 악순환이 이어질 뿐이다.

서로가 원하는 일이다. 아이는 어두컴컴한 고민의 터널에 들어가기 싫어서 책임을 미루고, 부모는 잡힐 듯 말 듯 타인을 통제하는 달콤한 손맛을 잊지 못해 자녀가 책임질 때까지 기다려 주지 않는다. 자녀가 고민하면서 느낄 암담함이 마음 아파서 마른 땅으로만 걸어가라고 손잡아 이끌고, 등을 떠밀고, 대신 걸어 준다.

삶 속에는 기쁜 일, 행복한 일, 즐거운 일뿐만 아니라, 깊게 고민하고 절망, 슬픔, 고통을 느끼는 일도 포함돼 있다. 사춘기 아이도 마찬가지다. 친구에게 까여서 울고, 이성한테 거절당해서 절망감을 느끼기도 한다. 선생님한테 야단맞고 우울한 기분을 느끼고, 돈이 없어 친구들과 놀러가지 못해 속상하고 안타까워한다. 더 성장해서는 시험에 떨어져 나락으로 떨어지거나, 큰 실수를 하는 바람에 심장이 지구 저 쪽 끝까지 떨어지는 좌절을 맛보기도 하고, 내 인생이 어떻게 될까 걱정하느라 암담한 고민의 늪에 빠지기도 한다. 이런 것을 걷어내면 그건 인생이 아니다. 걷어내는 것이 가능하기는 한가.

아이가 PC방에 있다가 밤늦게 들어왔을 때 맞붙어 싸우면 곤란하다. 다른 가족들은 화목하게 둘러앉아 TV를 보고 있는 모습을 보고, 혹은 불 꺼진 거실을 살금살금 들어오면서 '내가 지금 뭐하고 다니는 거지?' 하며 스스로를 되돌아보게 하고 싶다면 맞붙어 싸우면 안 된다. 밤늦게까지 게임을 하다가 늦잠을 자서 지각하게 된 아이와 '아예 학교를 때려치워라. 한심한 놈아. 그렇게 살아서 뭐할래?' 하며 일전을 벌여서는 안 된다. 중천에 뜬 해를 바라보며, 학생이라곤 눈에 띄지 않는 길을 걸으며 교복 입은 자신을 바라보는 다른 사람들의 시선이 따가워서 '이게 뭐하는 한심한 짓인가? 내가 왜 이렇게 살고 있나?' 하며 되돌아보게 하려면 일단 아이의 마음을 고요하게 해 줘야 한다. 마음이 고요해야 자신을 되돌아볼 여유가 생긴다.

그 시기에 어떤 아이든 겪어야 할 일이라면 겪도록 놓아두어야 한다. 살아가면서 누구나 느끼는 좌절과 실망, 여러 가지 이유로 생겨나는 고통 등, 부모는 아이들이 이런 인생의 숙제를 스스로 겪도록 해 줘야 한다.

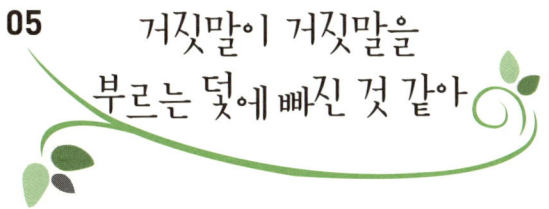

05 거짓말이 거짓말을
부르는 덫에 빠진 것 같아

엄마들이 아이한테 가장 크게 배신감과 허탈감을 느낄 때가 언제
일까? 많은 엄마들이 '아이가 자기를 속였다는 사실'을 알게 될 때라
고 이야기한다. 왜 그럴까?

아이가 내게 거짓말을 한다는 것은, 아이에게 성장의 터전이 돼 주
고 싶은 엄마로서의 근원적 소망이 좌절된다는 것을 뜻하기 때문이
다. 아이가 더 이상 나를 믿지 않는다는 증거니까.

그럼, 아이들은 이 사실을 모를까?

안다. 아이들도 거짓말을 했을 때 엄마가 가장 크게 화를 내고 혼
도 많이 냈다는 사실을 기억하고 있다. 아니, 거짓말을 들켰을 때라
고 하는 것이 맞겠다. 그래서 아이들은 부모에게 거짓말을 들켰을 때

가장 겁을 먹는다.

어른들이 완벽하게 정직한 삶을 살 수 없듯이 아이들도 크고 작은 거짓말을 하기 마련이다. 그렇다 해도 우리는 정직하게 살려고 최선을 다하고 있고, 우리 아이 역시 그런 사람이 돼 주기를 바란다. 그러니 아이가 거짓말을 했다는 사실을 알았을 때 놀랍고 화가 날 수밖에 없다. 이럴 때 부모들은 아이가 인간답게 살도록 단속하고 싶어 세게 나가기도 한다. 그럼 이처럼 가혹한 대응에 겁먹은 아이들은 어떻게 할까? 다시는 거짓말을 하지 않는 정직한 사람이 될까? 가능성이 없지는 않지만 확률이 낮다. 아이들은 들키지 않기 위해 기를 쓰기 마련이고, 그 방법은 거짓말이 가장 손쉽다.

'왜 자꾸 엄마를 속이려고 할까요?'

중학생이 되더니 슬슬 거짓말이 늘기 시작했어요. 어제는 독서실에 간다기에 기특해서 점심 값까지 넉넉히 챙겨 줬는데 카페에서 노닥대다 저한테 딱 걸렸어요. 처음이라고 박박 우겼지만 척 봐도 한두 번 해 본 품이 아니더라고요. 그 뒤로 아무래도 안 되겠다 싶어 독서실로 예고 없이 자주 찾아가 확인하곤 합니다. 거짓말 하는 버릇은 꼭 고쳐줘야 하니까요. 확실한 증거를 잡아야 다시는 엄마를 우습게 보지 않겠죠.

어른들 사회에서도 간혹 쓸데없는 거짓말로 자기 가치를 확 떨어뜨리는 사람이 있잖아요? 한번 그런 인상을 갖게 되면 그 사람이 무슨 말을 해도 신뢰하기 어렵더군요. 우리 아이가 그런 사람이 될지 모른다고 생각하면 끔찍합니다.

엄마로서 자존심 상하고 아이가 괘씸해요. 대단한 성공을 거두지는 못했지만 선량한 소시민으로 열심히 살아온 자부심에도 금이 가고요. 엄마, 아빠가 이렇게 반듯하게 열심히 살아왔는데 어떻게 우리 아이가 거짓말쟁이가 돼 버린 걸까요? 솔직하게 얘기하면 무슨 말이든 들어줄 텐데 왜 엄마를 속이냐고요.

'내가 거짓말을 하는 이유는요……'

엄마, 어릴 때는 몰랐는데 중학생이 되니까 엄마가 나를 엄청 감시한다는 걸 알았어. 왜 이렇게 하루하루가 짜증나나 했더니 그게 모두 엄마의 감시 때문이더라고.

엄마, 나도 이제 중학생이야. 제발 더 이상 감시 같은 건 그만해. 나한테는 얼마든지 빠져나갈 수 있는 힘이 있어. 누가 이기나 해보자고? 그래 누가 이기나 보자고. 엄마는 이 분야에서 나를 못 이겨.

전에 독서실 간다고 해놓고 카페에서 친구들이랑 수다 떨다 엄마한테 걸린 날 있잖아. 엄마한테는 그날이 처음이라고 말했지만 처음은 아니야. 그날 다시는 안 그런다고 싹싹 빌었지만 다시는 안 그러기도 어려울 것 같아. 독서실에서 공부하는 게 너무 따분하거든. 가끔가다 친구 꼬임에 빠져서 그런 것도 아니야. 놀러 가자고 친구들을 부추긴 사람이 바로 나니까.

독서실에 있어도 공부 안 하기는 마찬가지야. 그냥 독서실에 있던 날은 공부는 한 글자도 안 해도 엄마한테 당당한 마음이야. 내가 또 어디로 빠져나가지는 않았나 하고 엄마가 몰래 찾아올 때 독서실에 있다는 것만으로 당당한 기분이 들어. 마치 내가 독서실에 있는 이유는 공부를 하기 위해서가 아니라 엄마가 몰래 와서 검사할 때 거기에 있기 위해서인 것 같아. 왜 나를 감시해? 독서실 간다고 거짓말하고 다른 데로 튀니까 감시한다고? 엄마가 공부만 하라고 하니까 나도 어쩔 수 없이 거짓말 하는 건데.

엄마를 속이고 나쁜 애가 된 기분이 들 때면 씁쓸하고 우울해. 공부만 열심히 하고 다른 데 눈길 안 돌리면 그럴 일 없다고? 어휴, 무슨 말을 더 하겠어? 엄마와의 대화는 여기까지야.

나도 내가 걱정돼. 이러다 눈 하나 깜짝 않고 태연하게 사람을 속이는 진짜 사기꾼이라도 되면 어쩌나 하고. 엄마는 안 믿겠지만 내가 친구들 사이에서는 꽤 솔직한 애로 통해. 그런데 왜 엄마 앞에서는 나도 모르는 사이에, 진짜야, 그럴 계획이 아니었는데 나도 모르게 어느새 거짓말을 하고 있어. 엄마가 제일 싫어하는 게 거짓말인 줄 알면서 왜 그러냐고? 엄마 감시도 싫지만 엄마가 나를 야단치고 비난하는 눈빛은 더 견디기 힘들거든.

강요된 약속이 부르는 거짓말의 악순환

아이가 거짓말을 하는 이유는 딱 한 가지다. 거짓말을 하지 않으면 부모에게 받아들여지지 않으니까.

"숙제 다 했니?"

"네, 다 했어요."

"학원 갔다 왔니?"

"네, 갔다 왔어요."

"컴퓨터 하고 있었던 거 아니야?"

"아니라니까요."

"오늘 학원 왜 안 갔니?"

"오늘 운동회 연습이 늦게 끝났어요."

"운동회 연습한 거 맞아?"

"그렇다니까요. 정 못 믿겠으면 친구한테 물어보세요."

이렇게 화를 모면하려고 하던 거짓말이 부모에게 더 인정받기 위해 하는 적극적 거짓말로 발전하기도 한다. 둘 다 본질은 같다.

'지금 이대로의 나로는 엄마, 아빠에게 받아들여질 수 없다.'

'엄마, 아빠에게 혼나지 않고 이 집에 붙어 있으려면 내가 아닌 다른 사람인 척 해야 한다.'

부모가 원하는 자녀가 자기 자신이 아니라 자기가 하는 '거짓말 속 어딘가에 존재하는 아이'라는 사실을 알기 때문에 부모가 마땅찮아 할 때마다 그 존재를 끌어오는 것이다.

간혹 성인이 돼서 좀 더 적극적으로 거짓말을 하는 사람들이 있다. 이들은 실직한 지 오래된 아버지를 형제의 난 때문에 쫓겨난 준 재벌 상속인으로 둔갑시키기도 하고, 지각을 할 때마다 늘어놓는 드라마 같은 사연에 뒷감당이 안 돼 거짓말이 또 거짓말을 낳는 뒤죽박죽 시나리오를 연작으로 내놓기도 한다.

어떤 이는 대기업 서류전형에 합격했다고 거짓말을 하고는 면접을 보러 간다면서 새벽같이 나가서 양복을 빼입고 거리를 서성이다가 귀가하기도 한다. 오랜만에 보는 지인 앞에서는 거짓말이 더욱 과감해진다. 대기업에 합격했으나 두어 달 다니다가 적성에 안 맞아 그만두었다는 거짓말을 지어내기도 한다. 여기서 좀 더 발전하면 신문에 날 만한 사기 사건을 벌인다.

현재 모습보다 좀 더 업그레이드된 형태로 자신을 인식해 주기를 바라서 그러는 것이리라. 아마 거짓말을 자주 하다 보면 진정 자신이 어떤 사람인지 정체성이 헷갈리는 모양이다. 아니 자기 자신을 깡그리 잃어버리는 것 같다.

이런 사람들은 자신의 거짓말을 다른 사람들이 알아차릴 것이라는 통찰(insight)이 없다. 다들 속아 넘어가는 줄 알고 있다. 게다가 거짓말이 탄로 난다고 해도 우리가 생각하는 것만큼 부끄러워하지 않는다. 이미 거짓말의 바닥이 다 드러났는데도 여전히 사실이라고 우기기에 바쁘다. 상대방이 할 말을 잃고 혀를 쯧쯧 차면서 돌아서면 자신이 진실하다는 설득이 통한 것으로 이해한다.

거짓말은 사춘기 아이들이 흔히 하는 증상 중의 하나가 아니다. 다시 말해 거짓말과 사춘기는 아무 관련이 없다. 만일 아이가 거짓말을 자주 한다면 어떤 문제보다도 먼저 손을 써야 한다. 공부를 안 해도 살 수 있고, 책상 정리를 하지 않아도 살 수 있고, 지각을 해도 살 수 있지만 거짓말은 아니다. 반드시 해결하고 넘어가야 한다. 거짓말은 부모 간에 대화도, 사랑도, 교육도, 훈육도, 화목도 무용지물로 만드는 가장 기초적인 장애물이다.

아이가 거짓말을 자주 하면 부모가 태도를 바꿔야 한다. 아이가 거짓말을 하지 않도록 하는 데 온 가족이 관심을 기울여야 한다. 혹시 이 말을 아이가 거짓말을 하지 않도록 물샐틈없는 감시망을 구축하라는 말로 받아들이는 부모는 없기를 바란다.

아이가 학원을 빼먹고 학원에 다녀왔다고 뻔뻔하게 거짓말을 하는 이유는 부모가 학원에 가지 않는 것을 용납하지 않기 때문이다. 학원에 가지 않았다고 고백했을 때 부모에게 야단을 맞거나 잔소리 듣기가 싫어서 거짓말을 하는 것이다. 만일 아이가 지각을 하고도 지각을 안 했다고 우긴다면 그것은 지각했을 때 들려올 잔소리와, 아침마다 벌어질 엄마와의 전쟁을 피하기 위함이다. 아이가 숙제를 하지 않고도 숙제를 했다고 거짓말을 한다면, 그 말은 숙제를 하기가 싫다는 말이고, 부모가 더 이상 숙제에 관여하지 않았으면 좋겠다는 말이다.

그렇다면 학원을 빼먹고 숙제도 안 하면서 거짓말까지 하는 아이를 어떻게 해야 할까? 아이가 자신이 해야 할 일을 잘하게 하고 거짓말도 안 하게 하는 방법은 무엇일까?

진실을 말하자면, 필자에게 아이로 하여금 가기 싫은 학원을 가게 하거나, 지각을 하지 않게 하거나, 숙제를 꼬박꼬박 하게 하는 그런 비결 같은 것은 없다. 다만 아이가 거짓말을 그만하게 만드는 부모의 태도에 관해서 알고 있을 뿐이다.

숙제보다 지각보다 학원보다 거짓말 바로잡기가 먼저다. 아이가 학원에 가지 않고 갔다 왔다고 거짓말을 한다면, 부모는 '어떻게 하면 학원을 잘 다니게 할까?'를 고민해야 할 것이 아니라 '어떻게 하면 거짓말을 하지 않게 할까?'를 고민해야 한다. 학원에 가는 것을 1차적인 목표로 생각하는 한, 아이와의 거짓말 싸움은 끝나지 않는다. 아이가 학원을 다녀오지 않고 거짓말을 한다면, 아이에게 이렇게 묻는다.

"앞으로 어떻게 하면 거짓말을 안 할 수 있을까?"

그런데 현실에서는 많은 부모가 이렇게 거짓말과의 싸움에서 백전백패하는 질문을 한다.

"어떻게 하면 학원을 잘 다닐래?"

그래서 용돈도 올려 주고, 아이패드도 사 주고, 빕스에도 데려가고, 옷도 사 준다. 그러나 아이는 또 학원을 빼먹고 부모를 실망시킨다. 이제는 거짓말쟁이에서 더 나아가 약속을 저버리는 배은망덕한 아이가 되고 만다. 아이가 하고 싶지 않은 것을, 할 가능성이 없는 것을 억지로 약속해 봐야 거짓말쟁이, 약속을 지키지 않는 아이로 만들 뿐이다. 모든 초점이 공부가 아니라 거짓말 고치기로 바뀌어야 거짓말 병이 낫는다. 아이가 학원을 자꾸 빼먹고 다녀왔다고 거짓말을 할 때 처방은 둘 중 하나다. 학원에 빠져도 혼내지 않거나, 학원을 그만두게 하거나.

거짓말 때문에 부모와 갈등을 겪었던 한 아이의 이야기를 들어보자.

거짓말을 고치게 된 건 부모님이 저를 다르게 대하기 시작하면서부터입니다. 어느 날부터 부모님이 제가 학원을 안 가고 친구랑 놀았다고 해도 야단치지 않고 '학원 다니기 싫어서 안 가는 건지' 물어봐 주고, 학원 다니기 싫으면 다니지 않을 수 있도록 해 주셨어요. PC방에서 친구들과 놀았다고 솔직하게 털어놓아도 혼내지 않고, 게임 중독이 되지 않으려면 어떻게 해야 하는지 저랑 토론해 주셨어요. 주3회 두 시간 PC방 약속을 지키지 못하고 세 시간이 넘도록 게임을 하고 와도 옛날처럼 혼내지 않고 이렇게 말해 주셨어요.

"두 시간 약속을 지키지 못하는 게 게임 시간이 부족해서 그런 거니? 아니면 약속을 까먹어서 그런 거니? 게임할 수 있는 시간을 몇 시간으로 하면 약속을 지킬 수 있을까? 게임에 너무 빠지지 않고도 약속을 지킬 수 있는 게임 시간이 어느 정도면 충분한지 함께 이야기해 보자."

이렇게 부모님이 저를 야단치지 않고 제게 생각할 시간을 준 다음부터는 거짓말을 할 필요가 없어졌어요. 이때부터 제 자신과 부모님의 기대에 대해 고민하기 시작한 것 같아요. 그렇다고 부모님의 은혜를 갚아야겠다, 그런 것은 아니고요. 훌륭한 부모님인 만큼 나도 좋은 사람이 돼야겠다, 그런 생각이 들더라고요. 물론 하루아침에 그렇게 되지는 않았어요. 그 뒤로도 한동안 거짓말하는 습관이 계속 됐지만 부모님은 끝까지 기다려 주셨어요.

이 사례와 마찬가지로, 아이가 지각을 하고도 안 했다고 우길 때 역시 처방은 딱 한 가지뿐이다. 아이는 지각을 해도 부모가 혼내지 않는다는 사실을 알 때에야 비로소 거짓말을 끊는다. 지각을 했는지 안 했는지 물어보지 않는 방법도 있다.

오늘 지각했니? 숙제 했니? 공부 했니? 이런 부모의 질문에 능글맞은 사춘기 아이들은 이렇게 대답한다.

"네에, 제가 알아서 할게요."

물론 이 말이 거짓말은 아니지만, 그렇다고 앞으로는 지각을 하지 않겠다거나, 숙제나 공부를 잘 하겠다는 말도 아니다. '묻지 말라'는 말이다. 만일 부모가 여기에서 멈춘다면 아이를 거짓말쟁이로 만들

기회를 제공하지 않을 것이다.

물론 부모 입장에서 이런 고민에 빠질 수 있다. 학생이 숙제를 안 해 가면 어떻게 하지? 그런 게으르고 불성실한 아이로 자라면 어떻게 하지? 그래도 거짓말하는 아이보다는 낫다. 아니, 나은 정도가 아니라 숙제와 거짓말은 비교가 불가한 항목이다. 거짓말부터 고치고 나야 숙제도 있고, 성실도 있고, 졸업도 대학도 인생도 있다.

특히 숙제는 선생님과의 약속이다. 숙제에 관해서는 아이와 선생님 둘이서 해결하도록 부모는 뒷자리로 나앉는 것이 좋다. 만일 선생님이 부모에게 도움을 요청하더라도 아이와 연장전 싸움을 벌이는 방식으로 숙제를 시켜서는 별 효과가 없다. 이미 숙제 때문에 선생님과 일전을 벌이고 있는 마당에 부모까지 링 안에 뛰어들어 2대 1로, 룰도 없고 공평하지도 않은 싸움을 벌일 필요는 없다. 학교와 가정이 한 팀을 이뤄 아이를 조지고 혼꾸멍내면 정신 차려 숙제를 해갈 것이라고 생각한다면 부모가 너무 순진한 것이다. 사춘기 아이들의 배짱은 그런 수준을 뛰어넘는다.

우리나라 중학교 숙제는 대부분 수행평가 항목이다. 숙제를 안 해가면 수행평가가 0점이 된다. 그걸로 끝이다. 아이 입장에서 숙제는 그냥 성적이 안 나오는 것으로 해결된다. 아이가 부모에게 도와달라고 하지도 않고 숙제를 안 해가는 것은 수행평가를 0점 받고자 하는 적극적인 의사표현이다. 거기에 부모가 끼어들어 숙제를 해서 좋은 성적을 받기를 강요하면 결론은 '내 아이가 거짓말을 하게' 된다.

초등학교 숙제는 수행평가는 아니다. 선생님 입장에서 아이가 숙제를 안 해오면 난감하다. 그래서 부모님께 숙제의 책임을 전가하는 경우가 있다. 알리는 차원에서가 아니라 아이 숙제를 부모가 책임지고 해 보내라고 하는 신호다. 그러나 숙제는 선생님이 책임질 문제다. 방과 후에 남아서 하게 하든 어쩌든 숙제는 선생님과 아이가 해결해야 할 문제다. 이 문제를 덥석 부모가 받으면 부모 자식 간에 싸움이 마를 날이 없고 자칫 잘못하면 아이를 거짓말쟁이로 만들게 된다.

물론 선생님과 '당신 문제를 왜 내게 넘기느냐' 하며 싸우라는 뜻이 아니다. 수업 진행에 불편을 끼친 아이의 엄마로서 죄송함을 표현하고 아이에게 이 상황을 전해 주면 된다.

"네가 숙제를 안 해가서 선생님이 연락하셨어. 그 얘기를 들으니 죄송하더라, 어떡했으면 좋겠니?"

결정권을 존중받아온 아이라면 여기에 대한 책임도 스스로 질 줄 안다. 만일 아이가 불이익을 받더라도 숙제는 여전히 못하겠다고 하더라도, 그런 아이의 결정을 받아들일 마음이 있는 부모라면 더 이상 숙제 문제로 아이나 선생님과 갈등을 겪을 일은 없을 것이다.

학교 숙제를 하지 않는 아이는 생각보다 많다. 숙제를 대신 해 주는 부모도 생각보다 많다. 부모가 해 주니 그냥 안 해 가는 편이 낫다. 아이 숙제를 부모가 해 주는 것 또한 거짓말이나 마찬가지다.

아이가 학원을 버거워해서 자꾸 빠지면 아이에게 학원을 어떻게 할지 물어봐야 한다. 앞으로 잘 다니겠다고 약속을 하고서 또 빠진다면 아이가 문제가 아니라 그 약속이 잘못된 것이다. 처음부터 지키기 어려운 약속이었다. 약속을 다시 조정해야 한다. 부모가 듣기에 어이없는 이야기인 줄 안다. 그러나 이런 조정이 없으면 아이는 계속해서 부모에게 거짓말로 일관할 것이고, 부모는 아이를 사기꾼으로 몰아가게 된다. 이렇게 부모와 아이 사이가 멀어지면 사춘기 폭풍이 지나가도 아물 줄 모른다. 거짓말 병을 낫게 하려면 거짓말에만 집중해야 한다. 거짓말을 하지 않을 환경을 만들어 주는 것 말고는 약이 없다. 마음먹는 것이 먼저다.

엄마,
내 마음을
읽어줘

2장

엄마도
공부가 전부가 아닌 건
알잖아요

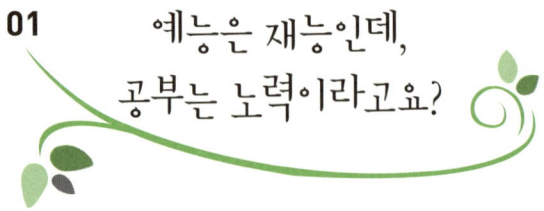

01 예능은 재능인데,
공부는 노력이라고요?

상담실에서 아이들은 한결같이 '우리 엄마는 공부밖에 몰라요'라고 말한다. 공부를 잘하는 아이나 못하는 아이나 놀랄 정도로 똑같다. 신기한 것은 엄마들의 말은 이것과 정확히 반대라는 점이다.

엄마들 역시 한결같이 말한다. 아이의 건강과 행복이 최우선이라고. 어떤 엄마도 공부가 가장 중요하다고 말하지 않는다.

이건 무슨 조화일까?

왜 엄마는 공부가 최우선이라고 말한 적이 없는데 아이들은 하나같이 그렇다고 주장할까? 어느 한쪽이 거짓말을 한다고 하기에는 너무 광범위한 현상이다. 엄마들로서는 억울해서 펄쩍 뛸 노릇이다.

그렇다. 엄마의 진심은 언제나 아이의 안녕과 행복이다. 애틋한 마음을 몰라주는 아이들이 야속하다. 힘에 부치도록 공부만 하라는 강요가 아니라 세상을 살아갈 태도를 문제 삼는다는 것을 아이들이 왜 몰라주는지 알 수가 없다. 성실하게 자기 일에 임하는 것, 그 가운데 가장 성실해야 할 영역은 학생이라면 두 말 할 필요 없이 공부가 아닌가. 지루하고 힘들어도 자신이 해야 할 바를 꾸준히 하는 의지와 노력을 갖추는 것이야말로 앞으로 어른으로서 세상에 안착할 수 있는 기본적인 태도가 아닌가? 그런데 이 당연한 생각의 결말이 사뭇 위험스럽다.

'공부하는 데 가장 중요한 것은 의지와 노력이다.'

'공부는 노력한 만큼 결과가 나온다.'

결국 음악이나 미술을 못하면 아이의 타고난 한계로 받아들이지만 공부에 관한 한 끊임없이 아이의 태도를 탓하게 되기 때문이다.

초등학교를 넘어서면 공부는 노력의 영역에서 점차 벗어나 재능 쪽에 가까워진다. 재능이 있어야 노력도 할 만한 것이 된다. 노력으로 재능을 끌어낼 수 없기는 예능이나 공부나 다를 바가 없다. 음치도 노력하면 노래방에서 부를 애창곡 한 곡 정도는 갈고닦을 수 있다. 그러나 거기까지다. 애창곡 한 곡 만들자고 머리 싸매고 싶은 사람이 얼마나 될까? 차라리 못 부르는 노래 대신 춤을 추든 탬버린으로 장단을 맞추든 즐겁게 어울리는 편이 한결 낫지 않겠는가.

'공부는 기본 중에 기본 아닌가요?'

　최고가 되라고 스트레스 주려는 게 아니에요. 그저 지극히 최소한의 것을 바랄 뿐이에요. 숙제 제대로 하고, 힘에 부치는 한두 과목은 학원에서 보충하고, 방학 땐 약간의 예습을 해 두는 것. 너무 공부, 공부 한다고요? 다들 몇 년씩 선행 학습을 하고, 학교에서도 선행 학습이 웬만큼 돼 있다는 전제로 수업하는 현실에서 이 정도 바람은 소박하다고 생각해요.

　공부 자체를 문제 삼는 게 아니에요. 결과가 중요한 게 아니라 공부에 임하는 태도, 그걸 말하는 겁니다. 우등생 엄마가 돼서 어깨에 힘주자고 하는 말이 아니라고요. 사람은 기본적으로 성실해야 하지 않겠어요? 세상 살아가는 데 이보다 중요한 게 있을까요? 부모로서 다른 건 몰라도 이런 태도 하나만은 확실하게 잡아 줘야 한다고 생각해요. 공부는 학생의 기본이잖아요.

'엄마 그런 눈빛 보내지 마……'

　엄마, 나도 공부 걱정이 돼. 어떻게 걱정이 없겠어. 엄마가 보기에는 내가 아무 생각 없이 사는 것 같아도 속으로 얼마나 마음 졸이는 줄 알아? 매일 공부 걱정이야. 그런데도 왜 공부를 안 하느냐고? 그런 걱정할 시간에 공부를 하라고? 그래서 엄마랑은 대화하기가 싫어져. 공부가 그렇게 쉬우면 누가 공부를 못하겠어? 하지만 안 되는 걸 어떻게 해? 수업 시간이나 공부할 때 내용이 이해가 안 되고 아무리 해 보려고 해도 잘 되지가 않아서 차츰 공부가 내게 적합하지 않다는 생각이 들어. 그런 생각이 들면 앞날이 암담하게 느껴지고 두려움이 엄습하기도 해.

물론 공부 잘하고 성적이 좋다면 이런 불안함을 느끼지는 않겠지. 그런 불안감과 두려움을 느끼면서도 공부를 안 하는 이유는 공부를 하려고 해도 잘 안 되기 때문이야. 억지로 해도 안 된다고. 자꾸자꾸 벽이 느껴지고 공부하는 일이 너무너무 힘이 들어. 나도 잘하고 싶고, 열심히 하고 싶어. 그런데도 열심히 공부할 수가 없어. 그 길로 가지지가 않아. 그러니 엄마, 내가 공부 안 할 때 마치 범죄인이 범죄 저지른 듯이 바라보지 말아줘.

누구나 공부를 잘해야 하는 건 아니잖아요. 누구나 1등급 전교 1등을 할 수는 없는 거라고요. 이쯤 되면 엄마는 성적이 중요한 게 아니라 최선을 다했는지가 중요하다고 말하더라. 엄마, 공부가 길이 아닌데 공부에서 최선을 다할 수는 없어요. 그건 억지에 불과해.

엄마, 그냥 공부를 여러 가지 할 수 있는 일들 중 하나로 봐 주면 안 될까? 나도 잘하고 또 좋아하는 게 있겠죠. 그게 뭔지는 모르겠지만 언젠가 찾을 수 있겠죠. 그게 언제냐고요? 그걸 가장 찾고 싶고 가장 간절한 건 나 자신이에요. 내가 찾기 전에는 어느 누구도 대신 찾아줄 수는 없겠죠.

공부 못 하는 나를 모든 일에, 이 세상을 살아가는 일에 아무 가치가 없는 사람처럼 취급하지 말아줘. 결국 내 앞에 놓인 세상은 내가 살아가는 거니까. 하지만 지금 당장 내가 생각하는 인생의 가장 큰 두려움은 엄마가 나를 하찮게 보는 그 눈빛이에요.

전지현 몸매, 장동건 얼굴, 스티브 잡스 창의력, 이재용 재력을 합쳐야 기본!

아이의 학습 문제 때문에 속 끓이는 부모들은 아이들에게 '왜 너는 노력하지 않니?', '왜 너는 기본도 하지 못하니?' 하고 아이를 다그친다. 그러나 이 부모들이 말하는 '기본'이란 학업을 마치기 위한 최소한의 기준이 아니라 최고의 성적을 올리기 위한 최선의 노력이다. 한마디로 가까이 하기에는 너무 먼 기본이다. 기본의 정의가 이렇다면 대한민국에 기본도 안 되는 인간이 9할 이상은 될 것이다.

엄마들의 이런 기대는 마치 어떤 남편이 자기 아내에 대해 이렇게 말하는 것에 비유할 수 있다.

"제가 뭐 대단한 걸 바라나요? 퇴근해서 집에 들어오면 구수한 밥 지어 놓고 기다려 주길 바라죠. 더 이상은 바라지도 않아요. 애들한테 따뜻한 모성애를 보여 주고 때로는 따끔하게 혼내기도 해서 아이들이 올바른 길로 가도록 하는 건 엄마로서 기본이죠. 다른 집 와이프 들은 시간 날 때 주식 같은 걸 해서 여윳돈도 곧잘 만들더라고요. 그 렇게만 해 주면 고맙죠. 직장인들은 미래에 대해 불안할 때가 많거든 요. 그걸로 목돈 만들어서 부동산이나 경매 같은 걸로 짭짤한 재미를 보는 사람들도 많아요. 마음먹고 배우면 누구나 할 수 있지 않나요? 친구들 만나 수다나 떠는 대신 그런 데 집중해 주는 거, 그런 게 가족 사랑이죠. 저는 처갓집 덕이나 보려는 그런 남자들과는 달라요. 하지 만 젊고 열심히 할 수 있을 때 기본은 해 놓아야 한다고 봐요. 하하, 재벌이 되겠다는 말은 아니고요, 그저 최선을 다하자는 뜻이에요."

경매나 재테크에 재주 없는 아내가 이런 남편과 살 때 당할 어려움 에는 다들 공감하지만, 공부에 재주가 없는 아이들이 기본과 최선을 헷갈리는 부모와 살 때 당할 어려움에 공감하는 이는 드물다.

이런 부모들의 속내를 들여다 보면 의외로 스스로의 능력에 대해 좌절감을 느끼고 있음을 알게 된다. 이들은 부모의 양육 방식과 동기 부여 능력에 따라 아이의 학습 능력이 향상된다고 생각하기 때문에, '공부 잘하는 법'을 알려주는 서적의 주요 구매층이 됨과 동시에 아 이들을 끊임없이 다그치는 부모가 된다. 아이의 협조 부족으로 자신 의 능력이 제대로 발휘되지 않는다고 생각한다. 그리고 결국 아이의 동기와 협조를 끌어내지 못한 자신의 무능력을 탓하는 수순으로 나 아간다. 어쩌면 그 무능력을 인정하지 않으려고 의식적으로 배우자 탓, 아이 탓을 하는지도 모른다.

정신과 의사인 서천석 교수는 공부 잘해서 영재가 된 아이들을 보고 나서 이렇게 말했다.

"이 아이들은 누가 키워도 공부를 잘했을 겁니다."

세상에는 아이를 공부 잘하게 만드는 법에 관한 책이 넘쳐난다. 그럼에도 불구하고 모두 1등이 되지 못하고 여전히 꼴찌와 낮은 등급의 아이들이 존재하는 이유는 바로 성적을 평가하는 목적 자체가 일등부터 꼴등까지 줄을 세우는 데 있기 때문이다. 부모의 동기부여 능력에 따라 아이의 성적이 좋아진다면, 그런 책을 백 권 읽은 부모의 자녀가 한 권도 읽지 않은 부모의 자녀보다 성적이 높아야 하는데 실상은 그렇지 못하다. 부모가 아무리 읽고 실천을 해도 아이의 성적은 쉽게 올라가지 않는다. 왜 그럴까?

서천석 교수는 아이가 공부를 잘하고 못하고는 부모의 자질이나 노력으로 결정되는 것이 아니라 마치 '제비뽑기'와 같다고 말한다. 복불복이라는 말이다. 한 집안의 형제가 모두 공부를 잘하는 것도 아니고, 부모는 공부를 잘하는데 자녀는 못하기도 하는 것을 보면 서 교수의 말에 일리가 있어 보인다. 부모가 공부를 잘했다면 공부에 대한 노하우가 풍부할 텐데, 그럼에도 불구하고 자녀의 성적이 좋아지지 않으니 말이다. 만일 그렇다면 퇴계나 율곡의 아들의 아들의 아들은 점점 더 공부를 잘하게 돼서 더 훌륭한 성현(聖賢)이 됐을 것이다.

부모의 노력 여하에 따라 아이가 공부 천재가 된다면 부모가 아니라 신으로 불려야 할 것이다. 따라서 필자는 부모의 노력 여하에 따라 아이의 성적이 달라진다는 말에는 동의하지 않지만, 부모가 아이의 학습 문제에 잘못 개입했을 때 아이가 학습 동기를 잃어버린다는 말에는 동의한다. 상담실에서 만난 많은 아이들이 부모에 의해 학습 동기가 훼손되어 학습에 대한 그 어떤 의지도 없이 무기력에 빠져있었다. 이 아이들에게는 공부할 시간에 앞서 훼손된 마음의 상처를 치유하고 일어설 시간이 필요하다.

부모와 아이와의 관계를 망치면서까지 아이가 공부를 더 잘하게 하려는 시도를 해서는 안 된다. 부모도 자녀도 공부에 관한 족쇄를 풀어야 한다.

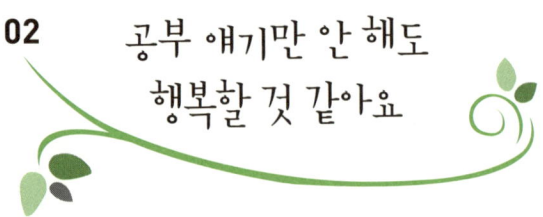

02 공부 얘기만 안 해도
행복할 것 같아요

드디어, 드디어, 우리 아이가 서울대 최고 인기 학과에 합격했다. 그것도 장학생으로! 하루 종일 친척, 친구들의 축하 전화가 빗발친다. 감격스러워 눈물이 날 지경이고 구름 위에 둥둥 뜬 기분이다. 3년 동안 쏟은 나의 정성과 아이의 고생이 모두 보상 받는 듯한 순간이다.

자, 가끔 그려보는 그림인가? 혹시 그 반대 그림으로 고통 받는 중인가? 여기서 잠시, 나와 내 아이가 느끼는 이 행복감을 더 들여다보자. 내 인생의 빛나는 순간 몇 위 안에 들지도 모를 이 행복감은 얼마 동안이나 지속될까? 평생일까? 학력 사회니까? 최소한 재학 기간 4년은 가겠지? 사람들한테 학교 이름을 이야기할 때마다 뿌듯할 테니까? 정답은 없을까?

있다. 다행히도 정답이 있다. 인간의 행복에 관해 20여 년을 연구해 온 긍정 심리학자 소냐 류보머스키가 《how to be happy》에서 정답을 알려 준다. 다만 불행히도 그 기간이 우리 기대보다 사뭇 짧다. 두 달.

그녀에 따르면 합격, 승진, 집 마련, 성적 같은 성취를 통한 행복감은 인간의 마음에서 두 달 이상을 끌지 못한다고 한다. 그 다음부터는 다시 일상이 될 뿐이다. 우리가 처음 집 장만을 했던 때를 돌이켜 보면 이해가 쉽다. 세상을 가진 것 같던 뿌듯함도 얼마 안 가 무덤덤해지지 않았던가? 나아가 더 큰 집으로 이사 가고 싶은 욕심이 생기기까지 한다. 높은 학력, 좋은 집, 멋진 배우자를 갖고도 행복하지 않은 사람이 세상에 넘쳐나는 이유다.

혹시 아이들에게 공부를 잘해야만 행복한 사람이 될 수 있다고 끊임없이 말해 오지는 않았는가? 직접 대놓고 말하지는 않았더라도 눈빛으로, 한숨으로, 손길로 표현하지는 않았는가? 성공한 사람이나 학력 높은 사람 앞에서 주눅 들고, 어려운 환경에서의 삶을 폄하하는 시선을 아이가 눈치 채게 하지는 않았는가? 그 시선의 총체적 결론으로, 모든 화제의 결말이 끊임없이 공부로 귀결되지는 않았는가?

소냐 류보머스키는 20년 연구 끝에 행복을 이렇게 규정했다.

'인간의 행복은 스스로 행복하기를 결심하고 일상에서 그 행복을 찾으려는 사람의 것'이라고. '행복은 큰 데서 오지 않고 소소한 일상과 곁에 있는 사람과의 관계에서 찾을 수 있다'고.

그토록 공부를 강조해 온 당신, 분명 아이의 행복을 바라서였다. 그러나 많은 사람이 그랬듯이 당신도 잘못 알고 있었던 것이다. 아이의 행복을 바라는 우리가 이제부터 할 일은 하루하루의 일상에서 아이에게 행복한 표정을 짓는 것, 단지 그뿐이다. 그러면 아이는 저절로 알게 된다. 아, 나는 우리 엄마를 미소 짓게 하는 존재구나. 아, 세상은 살 만한 곳이구나. 이만한 일에도 웃는 것이 인생이구나.

엄마의 속사정

'누가 뭐래도 행복은 성적순인 게 현실이잖아요.'

'행복이 성적순은 아니다.' 다들 말은 쉽게 하더군요. 제 눈에는 상당히 위선적으로 보입니다. 물론 뛰어나게 성공한 사람들 가운데는 공부가 아니라 다른 영역에서 특출한 사람들도 많더군요. 하지만 그건 특별한 경우에 한정되는 얘기 아닌가요? 우리 같이 평범한 가정에서 태어난 아이가 공부마저 제대로 안 한다면 평생 사회의 하층에서 기 죽어 사는 길밖에 없는 거 아닌가요?

아이가 힘들어 하고 공부 얘기 듣기 싫어하는 건 저도 잘 알아요. 하지만 어쩌겠어요? 현실이 이런 걸요. 다른 사람이야 아이 인생에 아무 책임이 없으니까 듣기 좋은 말로 아이를 믿어 주라고 할지 몰라도 엄마는 아니죠. 아무리 외면하고 싶어도 눈 부릅뜨고 맞닥뜨려야 할 현실이 있다는 걸 아이도 알아야 하니까요.

이 나이쯤 되니까 어떻게 공부해야 효율적인지 다 보이거든요. 이런 효율적인 방법이 있는데 어떻게 아이한테 알려 주지 않을 수가 있겠어요? 아이가 어떻게 반응하느냐고요? 에휴, 그게 쉽지가 않아요. 만약 내 학창 시절에 누가 내게 이렇게 친절하고 자세하게 알려 줬더라면 내 인생이 지금과는 확연히 달라졌을 겁니다.

그런데 이 녀석은 공부 비슷한 얘기만 꺼내도 화를 내요. 아니, 공부 못했다고 윽박지르는 것도 아니고, 방법을 알려 주는 것뿐인데 왜 화를 내는 걸까요?

그래도 어쩔 수 없어요. 아이의 공부를 위해서라면 무슨 수든 써 봐야죠. 아이의 인생이 걸린 문제 아닙니까?

'엄마, 공부 얘긴 그만하면 안 될까?'

엄마가 그랬잖아. 공부 못하면 서울역에 가서 노숙자로 살아야 한다고. 지나가는 환경미화원(특정 직업을 폄하하려는 의도가 없음을 알아주기 바란다. 요즘에는 많은 사람이 선망하는 공무원직이다)을 보면서 엄마가 그랬잖아. "공부 안하고 저렇게 청소나 하면서 살래?" 그땐 얼마나 겁이 났는지 알아? 그런데 엄마 말이 틀렸더라. 뉴스에서 봤는데, 환경미화원 시험이 그렇게 어렵다는데? 아무튼 엄마 말 중에 건질 게 별로 없어. 그래도 내가 이러다 노숙자가 될까봐 걱정되기는 해.

그래도 다행스러운 건 엄마가 명문대를 나오지 않았다는 거야. 물론 엄마 말에 의하면 공부를 못해서가 아니라 어려운 가정 형편 때문에 뒷바라지를 못 받아서였지만. 내 친구 중에 엄마, 아빠가 명문대 나온 애가 있는데, 걔는 나보다 열 배는 더 힘들더라고. 아니, 부모가 명문대 나왔다고 자식도 명문대에 가야 한다는 법이 어디 있는데?

명문대를 나오지도 않은 엄마가 노숙자가 되지 않았으니 얼마나 다행이야? 요즘엔 엄마가 레퍼토리를 바꿔서 대학 못간 사촌 형만 만나고 나면 혀를 끌끌 차며, '저 88만원 인생' 하면서 '너도 저렇게 되면 어쩔래?' 하는 눈빛으로 나를 쳐다보지만, 그 형도 다행히 노숙자는 안 될 것 같더라고. 요즘 스파게티 가게에서 알바를 하는데 자기한테 딱 맞는 일이라서 요리 공부를 본격적으로 할 거라고 아주 행복해하니까. 여자 친구 사진도 보여 줬는데 얼마나 예쁜지 몰라.

뭐라고? 나는 곧 공부를 잘하게 될 거니까 사촌 형하고는 상대도 말라고? 형이랑 나는 DNA가 다르다고? 엄마, 꿈 깨. 내가 전교 1등을 하고 서울대를 가는 일은 아마 엄마 살아생전에는 일어나지 않을 거야. 내가 이렇게 말하면 엄마는 '공부가 제일 쉬웠어요' 같은 책을 주면서 "거봐라, 세상 어떤 일보다 공부가 쉽다고 하잖니" 하고 말할 거지? 그래서 엄마한테 말하기 싫어.

엄마는 세상 모든 얘기를 내 공부 얘기로 돌리는 대단한 능력을 가졌잖아. 이런 엄마 곁에 있는 게 지옥 같아.

안 그런 것 같지? 나는 눈치도 없는 것 같지? 아니야. 엄마 눈치 엄

청 보고 있어. 부스럭 소리만 나도 또 나를 야단치는 건 아닐까 하고 가슴이 쪼그라들어. 공부를 못하면 실패자로 살 거라는 엄마의 끝없는 암시를 받으니 벌써부터 낙오자가 된 기분이 들거든. 엄마는 내가 공부 방법만 알면 기적이라도 일어날 듯이 공부 비법 책은 다 사다 주고 이런 말 저런 말을 하지만, 내 귀에는 다 똑같은 지긋지긋한 얘기일 뿐이야.

엄마가 공부 얘기만 안 해도 내 인생에 햇빛이 들 거 같아.

사춘기 마음을 읽는 지혜

명문대 진학의 꿈. 아이 꿈인가요, 엄마 꿈인가요?

아이가 명문대에 갔으면 하는 부모들에게 그 이유를 물었다.

"왜 그렇게까지 아이가 명문대에 가길 바라나요?"

"아이가 명문대에 가면 뭐래도 낫겠죠."

그런 이유로 아이를 구박하면서 감시하고, 나쁜 성적을 받아 왔을 때 아이를 존중하지 않는 자세로 대하면 아이들은 '부모가 나 잘 되라'고 야단쳤다고 이해하기 보다는, '내 부모가 인품이 부족해서 그랬다'고 생각한다.

"좋은 대학에 가면 인맥도 그렇고 아무래도 인생이 잘 풀리겠죠."

아이에게 성공의 인맥을 선물하기 위해 부모와의 따뜻한 인맥은 포기하려는 자세다. 부모의 뜻대로 될 리도 없지만 혹시라도 명문대

입성에 성공하더라도 부모와의 관계는 어긋나게 된다.

"친구들을 보니 좋은 대학 나온 애들이 아무래도 잘 살더라고요."

명문대를 나오고도 가난하게 살거나, 명문대를 나오지 않고도 잘 사는 사람을 외면하고서 내린 결론이다.

"회사에서 보면 명문대 나온 사람들이 승진도 잘하고, 회사의 중심부에서 오래 살아남더라고요."

결국 자신의 삶의 회한을 아이에게 엮어보려는 심산으로 보인다.

"동창회에 가 보면 좋은 대학 나와서 좋은 회사 들어간 친구들이 부러운 마음이 들어요."

결국 아이를 위해서가 아니라, 현재 자신이 타인을 바라보면서 느끼는 부러움을 나중에 자녀가 받았으면 하는 마음으로 아이를 구박한 것이다. 그러나 이 구박이 나중의 부러움으로 보상이 될까? 보상이 된다 한들 엄마에게 구박받고 산 삶이 과연 남들이 부러워하는 삶이 될까?

"명문대 나와서 떵떵거리고 사는 사람들 앞에 서면 내 삶이 보잘 것 없다는 생각이 들어요. 자식에게만큼은 그런 기분을 물려주고 싶지 않아요."

그건 당신이 풀어야 할 이 시대 삶의 고뇌다. 사람들은 누구나 이런저런 삶의 고뇌를 느끼고 있고, 당신 또한 열외가 아니다. 만일 그런 고뇌 없이 살아가는 인생이 있다면 그 또한 언젠가 쓰나미처럼 몰려올 삶의 고뇌에 머리 감싸 쥘 날이 올 것이다. 이 문제는 당신이 못나서가 아니라 당신이 살아있는 인간이라서 느끼는 당연하고도 어깨 무거운 고뇌일 뿐이다. 물론 당신 자녀도 이 고민에서 비켜갈 수 없다.

결국 아이를 위해서라는 명분으로 자기 자신이 풀어야 할 삶의 본질적인 문제를 회피해 온 것이다. 아이의 학습과 성적은 당신 앞에 놓인 삶의 숙제를 절대 대신 풀어주지 못한다. 그것은 온전히 당신이 풀어야 한다. 이처럼 사춘기를 맞은 자녀와의 문제를 파헤치다 보면 결국 자신이 풀어야 할 숙제와 마주하게 된다. 이제 다시 묻는다. 자녀로부터 촉발된 문제, 누구의 문제인가? 내 문제인가? 아이 문제인가? 내 인생의 숙제만 풀어도 자녀와의 갈등은 거의 대부분 해결된다.

부모들 중에는 자신이 풀어야 할 숙제가 있을 때, 그것을 자녀에게 투사하는 경우가 많다. 예를 들면 자신이 불치병에 걸렸을 때, 아이 때문에 눈을 감을 수 없다고 생각한다. 물론 그렇다. 아이가 어느 정도 클 때까지 아이를 양육해야 하는 절체절명의 과업 앞에서 절실하게 삶의 연장을 기원한다. 그러나 우리는 더 나이가 들어 아이를 돌봐야 하는 일이 그리 절실한 과제가 아닐 때에도 전과 똑같이 삶을 간절하게 기원한다.

아이가 공부를 안 하고 놀기만 하려고 할 때, 대개 부모들은 내 아이가 인생을 남들보다 수월하게 살았으면, 인생에서 고통을 받지 않았으면, 돈에 쪼들리는 삶을 살지 않았으면 하는 바람으로 아이를 다그친다. 그러나 이것 역시 부모 자신이 풀지 못한 숙제일 뿐이다.

어느 누구도 고통 없는 삶을 살 수는 없다. 어느 누구도 삶이 만만하다고 여기며 생을 마치지 않는다. 우리의 운명이, 인간의 질병이,

자연재해가, 세상의 발전과 변화가 우리 인간을 그렇게 만만하게 놓아두지 않는다. 이런 말이 있다. 만일 어떤 사람이 상처와 고통 없이 살았다면 태어나자마자 죽은 사람일 것이라는.

만일 '나는 사는 게 고달프다는 생각을 한 번도 해보지 않았다'고 쓴 작가가 있다면 필자는 그 작가의 글을 더 이상 읽을 마음이 없다. 어느 누구에게나 고통이 있으며, 비록 객관적인 크기를 잴 수는 없을지라도 누구나 견디기 힘들 만큼의 시련과 고뇌를 겪으면서 살아가기 때문이다.

똑똑하기 이를 데 없는 스티브 잡스마저 질병으로 고통 받았다. 그가 죽음 앞에서 어떤 자세를 취했는지 자세히 알지 못하지만 죽음과 운명 앞에 마음을 내려놓기 전까지 많은 고뇌와 슬픔이 그를 흔들었으리라는 사실만은 알 수 있다.

공부 안 해서 아이에게 닥칠 삶보다 공부하라고 다그치는 부모의 억압이 아이를 더 고통스럽게 한다고 말해주고 싶다. 자녀가 겪어야 할 삶의 고통과 짐은 부모가 대신 줄여줄 수도, 짊어질 수도 없다. 오로지 부모는 아이가 곁에 있을 때 사랑과 존중을 듬뿍 주는 일을 할 수 있을 뿐이다.

가정폭력에 노출되지 않았던 사람이 배우자를 만나 갑자기 구타와 폭력 속에 사는 시나리오는 드물다. 어릴 때 성폭력을 경험한 사람들이 유독 성인이 돼서 지속적인 성폭력에 시달리며 살았다고 하는 스토리 역시 흔하다.

험한 세상에 나갔을 때를 대비해 냉정하고 따끔하게 가르친다는 사람이 종종 있다. 사랑과 존중만 받고 자라서 직장에서 불편한 상사라도 만나면 큰일 날 것처럼 말한다. 아니다. 오히려 존중 받고 자란 사람들이 상사 때문에 더러워서 사표를 던지는 일 따위는 하지 않는다. 이들은 상사가 지랄을 하는지 잘 모르고 넘어가기도 하고, 오히려 지랄 상사 덕분에 다른 사람들과 인간관계를 돈독하게 하고 인간애를 느끼는 계기를 얻기도 한다.

이제껏 자식을 위해서라고 말했던 모든 시도를 되돌아 볼 때다. 진정 자녀를 위한다면 사랑과 존중을 듬뿍 줘야 한다. 나보다 잘 살기를 원해서 아이를 구박했다는 고백은 이제 내 삶의 풀지 못한 과제 때문에 아이를 못 살게 굴었다는 고백으로 바뀌어야 한다.

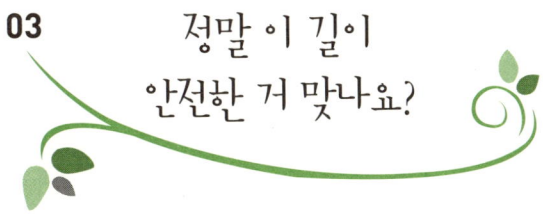

03 정말 이 길이 안전한 거 맞나요?

1997년 IMF 외환위기 때 타격을 크게 받은 직업군 가운데 하나가 바로 연구원이다. 기업들은 비용을 줄이기 위해 당장 성과를 내기 힘든 연구소부터 구조조정에 들어갔고, 긴 세월을 투자해 석·박사를 따고 연구만 하던 사람들이 대책 없이 밖으로 내몰렸다.

이 직격탄을 정통으로 맞은 필자의 지인은 자신의 문과적 성향을 무시하고 국가 시책에 발맞춰 이과로 떠민 아버지를 몹시 원망했다. 그리고 뭐니 뭐니 해도 직업은 전문직이 최고라며 자신의 아들은 의대로 떠밀었다. 그 이후 수학, 과학 잘하는 똑똑한 아이들이 죄다 의대로 몰려가는 바람에 지방 구석구석까지 의대가 생겼고, 지인 아들이 의사가 되는 시점에 이르자 의사도 호락호락한 직업이 아니게 되고 말았다.

아이들에게 '이 길이 가장 안전하다' 하고 말할 수 있는 나의 경험은 아이들의 미래와 한 세대, 즉 30년 이상의 시차가 생길 수밖에 없다. 시대 변화 속도가 빠르지 않다면 30년 전 시각으로도 얼추 때려 맞출 수 있겠지만 지금은 그런 시절도 아니다.

그럼, 연구소에서 쫓겨난 그 지인은 불행에 빠졌을까? 천만에. 몇 년 간은 몹시 힘들어했지만 동료와 벤처 사업을 꾸려 대박을 냈다. 그럼 그의 성공 원인은 뭐라고 해야 할까? 그가 당시 부르짖던 논리대로라면 실직을 당하게 한 아버지의 혜안(?)이 아닐까? 그러나 그는 한 번도 그렇게 말하지는 않았다. 한 사람의 인생을 변화시키고 이끄는 힘이 정확히 무엇인지는 알 수 없다. 우리가 할 수 있는 일은 우리 앞에 놓인 삶을 힘껏 즐겁게 마주하는 것뿐이다.

내가 살아 보니 이 길이 가장 안전하고 유망한 길이고 그래서 우리 아이는 이런 것들을 반드시 공부해야 한다고 하는 엄마들이 많다. 학생이니까 무조건 공부해야 한다는 것보다는 훨씬 세련된 발상이지만, 이 또한 위험하고 근거가 부족하다는 점에서는 별로 다를 바가 없다. 아이들 역시 공부하라는 압박이 고통스러워지면서 엄마의 논리에 의심스러운 눈초리를 보낸다. 미래로 열린 아이 눈이 엄마의 허점을 알아차리는 데는 그리 오랜 시간이 걸리지 않을 것이다.

'아이가 갈 길을 안전하게 지켜주고 싶어요.'

엄마만큼 아이를 잘 아는 사람이 있을까요? 늘 아이한테 안테나를 세우고 아이의 장단점을 하나하나 잘 새겨두는 데 있어서는 누가 뭐래도 엄마만한 사람이 없을 거예요.

사람이 잘할 수 있는 일과 하고 싶은 일이 일치하면 좋겠지만 그렇지 않다면 어떻게 해야 할까요? 하고 싶은 일이 현실과 맞지 않으면 고통스러울 수밖에요. 그러니 잘할 수 있고 시대에 맞는 일을 직업으로 삼고, 하고 싶은 일은 취미로 두는 게 가장 이상적이지 않을까요?

아이의 적성을 고려하고 세상의 흐름을 제대로 읽어서 아이를 알맞게 준비시키는 것, 이게 현명한 부모가 해야 할 가장 중요한 일이겠죠. 저 역시 그런 노력을 해 왔기 때문에 우리 아이가 갈 길을 정해둘 수 있었어요.

그 목표를 이루려면 다양한 스펙이 필요하고 이것저것 해야 하는 게 많아요. 그런데 어릴 때는 잘 따라오던 아이가 요즘 들어 자꾸 딴소리를 하고 어긋나려 해서 큰 걱정입니다. 학습 목표가 분명하니까 동기부여도 확실하게 될 줄 알았는데 왜 이렇게 엇나가는 걸까요? 왜 엄마를 덮어놓고 공부나 시키려는 무식한 사람 취급을 하냐고요. 아이의 앞날을 충분히 계산하고 꼭 필요한 분야만 전문적으로 시키고 있단 말이에요. 무작정 학교 공부만 시키는 게 아니라니까요? 아무래도 미래에 대한 청사진을 다시 한 번 점검해 주는 게 나을까요?

아이의 속마음

'엄마가 아는 거 맞아? 확실해?'

엄마, 나는 궁금한 게 있어. 엄마는 어떻게 그렇게도 나를 잘 알아? 아니, 나를 잘 안다고 자신할 수가 있어? 나조차도 내가 어떤 사람인지 자신 있게 말할 수 없는데 말이야. 내가 누군지 규정해 보려고 용쓴 지도 얼마 되지 않은 데다, '아, 나는 이런 사람이구나' 싶다가도 다음 순간 내 안에 있는 정반대의 모습을 발견하곤 혼란스러워하는 중이거든.

"쟤는 어디서도 쫄지 않는 강심장이야. 다섯 살 때부터 당돌하기 짝이 없었다니까."

"리더십 하나는 끝내주는 아이지. 어릴 때부터 자기가 앞장서지 않으면 못 견뎌 했으니까."

엄마가 나를 이런 모습으로 확신하는 이유는 죄다 어린 시절의 에피소드에 근거를 두고 있는 셈인데, 나는 가끔 엄마가 사랑해 마지않는 그 아이가 누군지 궁금해. 절대로 나는 아닌 것 같거든.

엄마는 글로벌 무한경쟁 시대를 예견하고 '엄마가 확신하는' 내 적성을 고려해서 내가 가야 할 길을 맞춤형으로 설계해 두고 나를 밀고 끌며 여기까지 왔어. 내가 힘들어 하는 기색이 보이면 한편으로는 장밋빛 미래를 펼쳐 보이며 격려하고, 한편으로는 자칫 잘못하면 얼마나 끔찍한 인생이 될 수 있는 살벌한 세상인지를 설명하며 겁주면서 말이야. 엄마 계획에 따라 영어, 중국어, 불어에 태권도와 피아

노까지 겸비한 글로벌 엘리트가 돼야 하는 바람에 나는 학원과 과외 외에는 가 본 곳이 별로 없을 정도야.

그런데 얼마 전에 '머지않아 자동 번역기 덕분에 외국어를 배우지 않아도 외국인과 의사소통이 쉬워질 거'라는 인터넷 기사를 읽고 충격을 받았어. 컴퓨터가 발달하면 조만간 자기 방에 앉아서도 글로벌 사업을 하는 세상이 온다는 얘기도 있더라고. 그럼 그동안 내가 해 온 공부들은 뭐가 되는 건데? 친구들과 떡볶이 한 번 맘 놓고 못 먹고 학원만 다닌 내 시간은 어디서 보상받을 수 있는 거야?

그 얘기를 엄마한테 하니까 엄마는 화를 벌컥 내며 이렇게 말했잖아.

"황당한 소리 하지 마. 그런 건 네 손자 대에나 실용화가 가능할 테니."

엄마, 미안하지만 미래 학자들 말보다 엄마 말을 더 믿어야 하는 이유를 모르겠어. 세상이 눈 돌아가게 바뀌는 중이라는데 엄마는 내가 어릴 때부터 지금까지 똑같은 얘기만 하고 있잖아. 엄마, 나도 이제부터는 내가 누군지, 내가 살아갈 세상은 어떨지 내 힘으로 알아볼래. 제발 내가 또 꾀가 나서 그런다며 엄마의 청사진을 귀 따갑게 읊어대지는 말아줘. 부탁이야.

'나 PD 사단의 자막 공장'을 아시나요?

나영석 PD가 연출하는 프로그램의 자막을 본 적이 있는가?

'꽃보다 시리즈'와 '삼시세끼 시리즈'로 시청자의 마음을 설레게 하는 나영석 PD 작품의 백미는 뭐니 뭐니 해도 자막이다. 이 자막 덕분에 하루 세끼 만들어 먹는 별다를 것 없는 일상이 신나고 재미있고 웃기는 일로 가득한 신세계로 변한다.

나 PD 말에 의하면 그 자막은 주로 작가들이 쓴다고 한다. 그들은 깐족거림 반에 비아냥 반을 섞어서 따뜻한 휴머니즘의 진수를 만들어낸다. 깐족거리면서도 프로그램 참여자들을 묶어내는 접착력이 있고, 비아냥거리지만 결국은 진심이 드러나게 도와준다. 다음은 〈삼시세끼 어촌 편〉에서 갓 태어나 겨우 눈만 뜬 강아지 산체에게 들이댄 시 같기도 하고 유행가 가사 같기도 한 자막이다.

'나는 정글을 어슬렁거리는 맹수…… 가끔은 옛사랑에 눈시울 적시는 남자…… 이런 날 함부로 사랑하진 마…… 닭들도 온통 내 눈치를 살피지……'

걸음도 뒤뚱거리며 걷는 강아지가 얕은 계단을 오르지 못해 낑낑거릴 때 올라온 자막은 이렇다.

'나의 하체는 단백질 근육 덩어리'

'내 몸의 탄성은 누구도 따라올 수 없지'

이 자막 하나가 아무 존재감 없이 버둥거리기만 하던 강아지 하나를 국민 스타로 만들어냈다. 자막 하나로 그 조그만 강아지가 진실로 저런 생각을 하고 있는 것처럼 여기게 만든 것이다.

갑자기 자막 타령을 하는 까닭은 방송 작가가 방송 프로그램을 쥐락펴락하고 있는 지금의 현실을 들여다보자는 뜻이다. 방송 작가라니, 어디 안정적인 직업이냐는 말이다. 안전하다는 것이, 한 번 발을 들여놓으면 그 선택 하나로 평생을 먹고사는 데 아무 지장이 없어야 한다는 것을 뜻한다면, 현재 세상에 있는 직업 중에 '안정적인 직업'이 몇 개나 되는지 세 보자. 10년 전과 비교하더라도 형편없이 줄어들었다.

얼마 전에 만난 수학과 교수인 선배가 이렇게 말했다.

"요즘은 대학원에 가는 학생이 거의 없어. 예전에는 교수가 꿈의 직업이었지만 지금은 해야 할 일도 많고 논문 쓰랴 수업하랴 연구하랴 고생하는 게 자기들 눈에도 뻔히 보이기 때문이지."

〈주간 아이돌〉이라는 프로그램이 있다. 케이블 방송에서 정형돈, 데프콘이 (무명에 가까운) 아이돌과 함께 유명 아이돌 스타의 시시껄렁한 일거수일투족을 알아보는 퀴즈 프로그램이다. 어떤 아이돌이 몇 월 몇 일 지방 공연을 마치고 먹은 메뉴가 냉면인지 밥인지, 그때 신은 신발이 무슨 색깔인지 등등을 알아맞히는 식이다. 처음에는 아이가 보고 있기에 함께 보다가 '이게 뭐 하는 짓들인가?', '뭐 이런 영양가 없고 의미 없는 프로그램이 다 있나?' 하는 생각이 들었다. 이런 프로그램을 만드는 사람도, 그걸 보고 있는 아이도 어이가 없었다. 그런데 더 놀라운 사실은 이 프로그램이 4년째 높은 시청률을 유지하고 있다는 것이다. 연예 프로그램 중 최장수급에 속한다고 한다.

이미 세상은 우리의 잣대로 평가할 수 없는 경지에 이르렀다. 세상의 변화에 혀만 끌끌 차고 있는 것은 세상의 변화를 못 따라가는 자의 헐떡거림일 뿐이다. 내 자녀가 이런 프로그램의 연출자라고 생각해 보자. 세상을 앞서가고 시청자의 욕구를 제대로 파악한 것에 대해 칭찬할 만하지 않을까?

전문가들은 이미 부모 세대가 '안정적'이라고 알고 있던 직업 범주가 대부분 사라지고 극소수만이 남아있다고 말한다. 또한 지금까지의 변화 패턴과 빠르기로 볼 때 그것마저 곧 사라질 것이고, 앞으로는 우리가 바라보기조차 어지러울 정도로 빠르게 변하는 예측 불가능한 세상이 올 것이라고 말한다. 더불어 이런 불확실성을 확실하게 예측하려는 시도는 실패할 수밖에 없고, 아이러니하게도 오직 불확실한 사회에 적응하는 자만이 미래에 안정적으로 살아갈 것이라고 주장한다. 즉, 미래를 정확하게 예측해서 대처하는 방식이 아니라, 어차피 어디로 튈지 모르는 세상이라면 힘들이지 않고 변화에 적응하는 방식이야말로 미래 사회에 맞는 능력이자 안정적으로 살아가는 비법이라는 것이다.

아이가 미래에 안정적으로 살기를 바란다면 이제 구박은 멈추고 아이의 생각을 존중해 줘야 한다. 존중받고 자란 아이가 넘어져도 쉽게 일어나고, 힘든 상황에 처해도 자신에 대한 믿음으로 즐겁게 살아간다. 같은 직장에서 같은 상사 아래에서 일해도 유난히 힘들어 하는 사람들이 있다. 고통에 과하게 몰두하고 확대 재생산하는, 한마디로 안정적이지 못한 사람들이다. 직장 상사의 말과 행동이 이전에 존중 받지 못한 상처를 덧나게 하는 방아쇠 역할을 해서 현재의 어려움과 과거의 악몽이 섞이는 바람에 대처하기 어려워하는 것이다.

빠르게 변화하는 세상에서 내 아이가 안정적으로 즐겁게 살아가 기를 원한다면 '공부'가 아니라 '존중'에 방점을 찍어야 한다.

공부는
때가 있다고요?

확실히 나이 들어 공부하기는 젊을 때에 비해 몇 배의 수고가 든다. 공부에만 집중할 수 있는 여건도 안 된다.

"청소를 하래, 밥을 하래? 겨우 공부 하나 하라는 건데 그걸 힘들어 해?"

청소도 하고 밥도 하고 빨래도 하면서, 심지어 회사까지 다니면서 대학원을 다니는 슈퍼 파워 지인이 빈둥거리는 아들에게 수시로 날리는 멘트다.

그런데 이 지인이 간과하는 사실이 하나 있다. 정작 본인에게는 그렇게 힘들게 공부하라고 떠미는 사람이 아무도 없었다는 점이다. 세상 어디에서 아이 둘 달린 회사원 엄마에게 공부하라는 압력이 들어

오겠는가. 이 엄마는 그 어떤 무언의 개인적·사회적 압력도 없는데 순전히 본인이 좋아서 공부를 하고 있는 것이다. 그렇기 때문에 기꺼이 집안일도, 회사 일도, 대학원 공부도 감당할 수 있는 것이 아니겠는가?

많은 엄마들이 '우리 애가 때를 놓치면 어떡하나' 하고 걱정한다. 공부해야 할 때는 청소년기뿐이라고 생각한다. 이때를 놓치면 두고두고 후회할 거라 믿어 의심치 않는다. 무슨 수를 쓰든 이 '때'를 놓치지 않도록 아이들을 등 떠밀어 순조로운 아이 인생길의 토대를 마련하는 것이 엄마의 의무라 여긴다.

세상이 많이 변했다. 십수 년 동안 공학을 공부한 박사가 별안간 떡집을 차리고, 외국에서 굴지의 의대를 다니던 인턴이 갑자기 요리사가 된다. 공부하고는 담을 쌓던 택시기사가 뒤늦게 연극영화과에 진학해서 뛰어난 배우가 된다.

때를 놓치면 안 된다는 조급한 마음에 자기를 돌아볼 틈도 없이 허겁지겁 공부하는 것이 반드시 효율적이라고는 말할 수 없다. 그렇다고 그간 공부한 것이 헛수고라고 할 수도 없다. 그렇다면 '공부해야 할 때'는 누가 정해야 할까? 어쩌면 아이에게 '지금은 공부만 할 때'라고 부르짖는 엄마가 바로 그때를 맞은 것인지도 모른다. 공부에 그리도 관심이 많으니 말이다.

세상은 넓고 배울 것은 많고 수명도 길어졌다. 조금 멀리 보자.

'시간은 기다려 주지 않잖아요.'

어른이 돼서 인생을 역전시킬 기회가 얼마나 될까요? 로또 당첨만큼이나 어려운 일 아닌가요? 세상을 순조롭게 살아가려면 때를 잘 따르는 일이 얼마나 중요한지 모릅니다.

꼭 선생님이 될 거라며 학창시절 내내 공부만 하고 대학 때도 임용고시 공부하느라 참 재미없어 보였던 교사 친구가 요즘처럼 부러운 적이 없어요. 방학 있죠, 이 다음에 연금 받죠, 잘릴 걱정 없죠. 누구나 할 수 있는 평범한 일을 하는 저로서는 회사에서 구조조정 얘기만 나와도 가슴이 철렁해요. 학교 다닐 때 조금만 더 참고 공부해서 안정적인 직업을 가졌더라면 얼마나 좋았을까요? 누가 무슨 말을 해도 내가 겪고 있는 이 현실을 외면할 수는 없어요.

주위에서 지금이라도 자격증 공부를 해서 원하는 직업에 도전해 보라고들 하지만 이제 와서 그런 일이 어떻게 가능하겠어요? 할 수 있다고 해도 얼마나 고달픈 인생인가요? 공부란 총기 있고 시간도 충분할 때 하는 거죠.

하루살이가 '내일'을 알 수 없듯이, 인생 경험이 짧은 아이들이 그걸 쉽게 이해하겠어요? 그걸 알려 주고 일깨워 주는 게 엄마 역할이라 생각해요. 오늘 할 일을 미루면 내일은 몇 배가 힘들어지는 것. 그게 인생이고 공부가 아닐까요?

공부에는 때가 있다는 어른들 말씀이 요즘처럼 지혜롭게 느껴질 때가 없습니다.

'참고 또 참고 대학 가면 정말 행복해지나요?'

엄마, 어릴 때 읽은 동화책들의 끝은 항상 이렇게 끝나잖아.

'왕자님과 공주님은 마침내 아름다운 결혼식을 올렸습니다. 그때부터 두 사람은 오래오래 행복하게 살았습니다.'

나는 이게 좀 이상하다는 생각이 들어. 어라, 왜 결혼만 하면 그 뒤로는 무조건 쭉 행복한 거지? 우리 엄마 아빠 보면 행복할 때도 있지만 싸우는 날도 많은데…….

왜 백설공주가 일곱 난장이랑 살 때에는 행복하지 않았을까? 숲 속에서 자유롭게 지내고 난쟁이들한테 존경도 받는데, 왜 왕자와 결혼을 한 뒤에서야 비로소 행복해졌다는 거지? 이건 마치 백설공주가 왕자님을 만나기 전에는 삶이 온통 고통뿐이었던 것처럼 들리잖아?

엄마, 그런데 엄마 말도 똑같은 것 같지 않아?

'드디어 우리 딸이 명문대에 입학했습니다. 그때부터 우리 딸은 오래오래 행복하게 살았습니다.'

이건 동화보다 더 비현실적인 것 같아. '대학만 가고 나면'이 '취업만 하고 나면'으로 바뀌고, 그 다음은 '결혼만 하고 나면'으로 바뀌는 거 아니야? 대학 가고 취업한 사촌 언니도 큰이모한테 결혼하라고 들들 볶이던데…….

지금이 '결정적 시기'라고, 지금 이 시기에 열심히 공부하지 않으면 마치 내 인생이 끝장날 것처럼 닦달하는 엄마 말을 듣고 있으면 나도 모르게 불안하고 긴장이 돼. 정말 어른이 되면 새롭게 도전할 기회가 그렇게 없는 거야? 그래서 엄마도 엄마 인생이 불만스러운 이유가 다 학창시절에 공부 제대로 하지 않은 탓이라고 하면서 나를 들볶는 거야?

엄마, 오늘이 행복하지 않은데 갑자기 내일 행복해지는 게 가능할까? 행복도 연습이 필요하지 않을까? 내가 원하지도 않는데 친구도 멀리하고 좋아하는 댄스 동아리도 멀리하고 TV도 멀리해서 몇 년간 죽어라 공부만 하고 나면 정말 행복해질까?

사실 엄마가 아무리 그렇게 말해도 공부만 냅다 하게 되지도 않는데 마음이 항상 무거워. 마치 지금은 아무런 즐거움도 누려서는 안 될 것만 같단 말이야. 혹시 지금은 대학 갈 준비만 하고, 다음에는 또 다른 걸 준비하느라 제대로 된 기쁨은 한 번도 누려 보지 못하는 인생을 살게 되지는 않을까?

기초 다지려다 초가삼간 다 태운다

유치원 선생님이 말한다.

"이런 학습 방식에 잘 따라 온 아이들이 학교에 진학해서 선두권을 유지하더라고요."

이 선생님이 말하는 선두권을 유지한다는 아이들이란 유치원을 졸업한 지 몇 년 되지 않은 초등학교 저학년을 말한다. 대학에 진학할 때까지 그 성적을 유지할지는 미지수다. 초등학교 때 선두권을 유지하던 많은 아이들이 학년이 높아질수록 성적을 유지하지 못해 부모의 애를 태운다는 것은 이미 널리 알려진 사실이다.

초등학교 선생님이 말한다.

"기초가 튼튼한 아이들이 중학교에 가서도 흔들리지 않더라고요."

기초가 튼튼한 이 아이들은 초등학교 고학년을 말한다. 중2부터 많은 아이들의 성적이 요동을 친다.

중학교 선생님이 말한다.

"중학교 때 기초가 튼튼했던 아이들이 고등학교에 가서도 성적을 잘 유지하더라고요."

고등학교에 가서 중학교 때의 성적을 유지하지 못하는 아이들은 스승의 날에 중학교 은사님을 찾아오지 않는다.

공부하기 싫다는 애를 잡도리하는 엄마들에게 그 이유를 물어보면 이렇게 말한다.

"기초를 다져 놓아야 하잖아요. 기초가 없으면 나중에 공부하고 싶어도 따라가질 못하더라고요. 구구단 외우는 것도 다 때가 있어서 지금이 아니면 안 되는데 어떻게 해요."

"어떤 책에 보니 어릴 때 공부를 못해도 좋지만 공부하는 습관은 들여 놓아야 한다고 하더라고요. 나중에 아무리 공부하고 싶어도 습관이 안 돼 있으면 한계가 있대요. 아이가 공부할 마음이 생길 때를 대비해서 습관만큼은 만들어주려고요."

　세계적인 피아니스트 랑랑과 골프 여제 박세리에게는 모두 혹독한 아버지가 있었다. 박세리 아버지는 딸의 담력을 기르게 하려고 깜깜한 밤에 공동묘지를 갔다 오도록 시켰고, 연습을 게을리할까봐 끊임없이 통제하고 감시했다고 한다. 랑랑의 아버지는 아들이 중국의 중소 도시 심양 출신이라는 핸디캡을 뛰어넘도록 하기 위해 혹독하게 연습시킨 것으로 유명하다. 그러나 그들의 성공은 혹독한 아버지의 통제와 훈육 덕분이 아니라 본인들의 몰입과 노력으로 이룬 결과다. 이처럼 치열한 노력으로 이룬 성공 덕분에 아버지의 훈육 방식이 인구에 회자된 것뿐이다. 모든 사람이 자신의 분야가 아닌 곳에서 혹독한 아버지라는 요인만으로 대가가 될 수는 없다.

　《아웃라이어》의 저자 말콤 글래드웰은 한 분야에서 대가가 되려면 1만 시간을 그 분야에 투자해야 한다고 말했다. 이 말을 1만 시간을 책상 앞에 앉아 있으면 공부를 잘할 수 있다는 뜻으로 해석하면 곤란하다. 어디까지나 본인이 원하는 분야에 1만 시간을 집중해야 한다는 뜻이다. 부모가 억지로 시켜서 하는 공부가 머릿속에 제대로 들어갈 리가 없다.

　'천재는 1%의 영감과 99%의 노력으로 이루어진다'고 한 에디슨의 말도 마찬가지다. 이 말 역시 지능이 높은 사람이 아니라, 배우는 데 열심히 몰입하는 사람을 천재라고 부른다는 뜻이다. 말콤 글래드

웰과 에디슨의 말을 아이가 노력하게끔 감시하고 억압한다는 말로 이해하면 아이는 대가가 되는 대신 부모를 미워하게 된다. 아무리 부모가 아이의 학습 성취에 명확한 견해가 있을지라도 아이가 원하지 않으면 따라올 수도 없고, 도리어 아이에게 가장 소중한 인간관계와 따뜻한 가정을 잃게 할 수 있다.

대학에서 학생들을 가르치는 동창 한 명이 학부생들과 함께 '무박 16시간 지리산 종주'를 한 경험담을 들려준 적이 있다. 어떻게 그런 체력과 근력을 유지할 수 있는지 물었더니 이 친구 대답이 이렇다.

"체력이 되지 않더라도 일단 발을 들여놓으면 어떻게든 따라가게 돼 있어. 나이 어린 학부생들도 해내는데……. 중간에 발목을 삐어서 엄청 고생했지만 결국 해냈지."

이 친구에게는 자신은 없었지만 일단 발을 들여놓고 시작해서 결국 이루어냈던 경험이 있는 것 같다. 아무나 가질 수 없는 소중한 경험이다. 살면서 이런 신념 하나 획득해서 자기 것으로 만들어 놓는다면 뭘 하든 든든하리라.

그러나 하기 싫다는 자녀를 부모가 억지로 밀어 넣어서 이루어낸 경험은 아무짝에도 쓸모가 없다. 아이는 싫은데 부모가 억지로 밀어 넣었을 때 받은 상처를 '트라우마'라고 한다. 자기 선택에 의해 발걸음을 내딛어 이룬 경험만이 소중할 뿐이다. 최소한 부모의 권유를 신중하게 받아들일 만큼의 부모 자식 간 신뢰는 있어야 가능한 일이다.

공부를 하는 데 기초도 중요하지 않고, 공부가 아무짝에도 소용 없다는 말이 아니다. 공부 잘하는 사람은 공부 열심히 해서 NASA에도 가고 연구소에도 가서 인류의 발전을 위해 노력해야 한다. 공부를 좋아하는 사람은 의대에 가서 인류를 질병으로부터 구하기 위해 치료도 하고 연구도 해야 한다. 문제는 모든 사람이 공부를 잘할 수 없다는 데 있다. 모든 사람이 공부를 뛰어나게 잘한다 하더라도 대학은 정원만큼의 인원에게만 입학을 허가한다. 내 아이가 명문대에 갈 확률은 못 갈 확률보다 현저히 낮다. 명문대에 보낸 부모 이야기를 들어보자.

"제가 공부해서 간 거죠."

"언젠가부터 열심히 하더라고요."

결국 공부할 때를 놓칠까 봐 엄마가 안달복달한 아이가 아니라 스스로 분발해서 열심히 한 아이들이 붙는다는 말이다. 엄마의 닦달은 아이 스스로 분발하지 못하게 만들거나, 입으로만 '공부해야지, 공부해야지' 하면서 실제로는 무기력한 아이로 만들 뿐이다.

엄마,
내 마음을
읽어줘

3장

지금 나는
관계를 배우는
중이에요

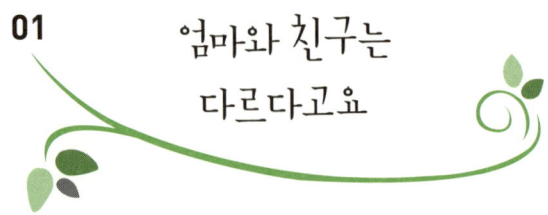

01 엄마와 친구는 다르다고요

이제 엄마는 뒷전이다. 때때로 남편보다 더 내 편이 돼 주고 잘하면 평생 친구가 될 것 같던 우리 아이의 마음이 변한다. 친구들과 맺는 새 세상에 빠져 엄마는 쳐다보지도 않는 것 같다.

엄마 말은 듣는 둥 마는 둥이면서 친구 말이라면 한목숨 바칠 듯이 덤비는 사춘기 아이가 엄마들로서는 사뭇 걱정스럽다. 친구 따라 강남 갔다가 눈보라 휘몰아치는 들판에서 길을 잃을까 두렵고 이대로 영영 아이와의 유대감이 끝나 버리는 것은 아닌지 안타깝다.

친구에게 지나치게 휘둘리지는 않을지, 반대로 친구 사이에서 따돌림당하지는 않을지 불안한 나머지 아이에게 꼬치꼬치 캐묻기도 하고 이런저런 간섭을 하는가 하면 다정한 아들, 딸이 돼 주기를 은근히 압박하기도 한다.

이 시기의 엄마들은 분명 위로가 필요하다. 소중한 존재와 서서히 멀어지는, 긴 이별의 시작이 아닌가? 누구나 겪는 과정이라고 해서 당연히 의연하게 보낼 수 있는 것은 아니다. 남편에게, 친구에게, 위로가 아쉽다고 솔직히 손을 내밀어도 괜찮다. 주위에 아무도 위로해 주는 사람이 없다면 자기 스스로라도 자신을 쓰다듬고 다독여야 한다.

다만 간과하지 말아야 할 사실이 있다. 사춘기에 접어들면 아이들에게도 친구 관계는 결코 쉬운 일이 아니라는 점이다. 친구들 사이에서 밀고 당기며 그룹을 형성하고 흩어지는 역학 관계는 어른들의 상상 이상으로 치열하다. 그 밀당의 결과에 따라 그룹 안에서 어떤 포지션을 잡고 어떤 역할을 할 것인지가 결정되기 때문이다. 즉, 아이들은 지금 한 그룹을 좌우하는 권력지향적인 리더가 될 것인지, 그룹 안의 관계를 요령 있게 이해하고 조정하는 숨은 실세가 될 것인지, 조용한 지지자로 남을 것인지, 혹은 주변을 넘나들며 외롭지만 자유로운 공간을 확보하는 사람이 될 것인지, 자칫 전체의 불안과 고통을 해소하는 희생자가 되고 말 것인지가 결정되는, 말 그대로 폭풍의 눈처럼 조용하지만 거센 소용돌이에 맞닥뜨리고 있는 것이다. 그룹에서 떨려나지 않고 자기 역할을 지키는 데도 많은 수고가 필요하고, 자신의 포지션에 변화를 일으키려는 시도는 더욱 엄청난 용기와 노력이 필요하다. 이런 힘든 과정 속에서 아이들은 자기 정체성을 찾아가고 세상과 관계를 배운다.

학급 인원이 적어지고 자아의식이 부쩍 커진 요즘 아이들은 엄마

시대보다 이런 일들이 훨씬 힘겹게 느껴진다. 이런 아이들에게 엄마의 서운함까지 돌볼 여력을 기대하기는 힘들다.

'친구가 최우선, 엄마는 뒷전이에요.'

아이가 엄마, 아빠를 대놓고 멀리하기 시작하네요. 좋아라 하던 뮤지컬을 보러 가자고 해도 싫다, 영화를 보자고 해도 시시하다, 나들이라도 함께 나가면 집에 가서 숙제해야 한다고 난리를 치다가 막상 집에 오면 숙제는 하지도 않아요. 한마디로 엄마, 아빠랑 함께 있기를 꺼리는 거죠. 아이랑 평생 친구처럼 지내는 게 제 로망이었는데, 그럴 때마다 얼마나 서운하고 섭섭한지 모릅니다.

엄마가 뭘 물을 때에는 단답형으로 몇 마디 하는 게 끝이고 더 말을 시키면 귀찮은 내색을 확 내면서, 친구한테 전화가 오면 밥을 먹다가도 방에 들어가 나올 생각을 안 해요. 가족끼리 영화 보러 가기로 한 날인데도 친구랑 약속이 잡혔다며 자기는 빠지겠다고 우기고요.

친구 잘못 사귀다가 사춘기 때 엉뚱한 길로 빠졌다는 말을 많이 들어서 걱정도 되죠. 요즘 어울리는 친구들에 대해 물어봐도 그전처럼 자세히 얘기하지를 않아요. 이리저리 대답을 빼다가 급기야는 느닷없이 엄마를 공격하기까지 합니다

"엄마는 왜 내 친구를 나쁜 애 취급해? 엄만 공부 잘하는 애 아니

면 사람 취급도 안 하지?"

"어머, 그게 무슨 소리야? 말도 안 돼."

"엄만 공부 잘하는 모범생하고만 놀라고 하잖아."

"내가 언제?"

"언제긴, 항상 그랬지."

기가 막혀 할 말을 잃었죠. 좋은 친구랑 사귀기를 바라지 않는 엄마가 세상에 있을까요? 솔직히 속마음으로야 우리 애가 공부도 못하고 행동도 방정하지 못한 애랑 어울리는 것이 싫죠. 그래도 직접 내색하지는 않았는데…….

친구를 사귀는 건 사람을 보는 안목을 기르는 일이기도 하잖아요? 유유상종이라고 친구들끼리는 생각도 비슷해지기 마련인데, 부모라면 당연히 아이가 사귀는 친구에 대해서 기준을 마련해 줘야 하지 않을까요?

아이와 멀어지는 것도 힘든데 친구 문제를 꽁꽁 숨기기까지 하니 걱정입니다. 어떻게 해야 아이와 유대감도 유지하고 친구 관계에 대한 적절한 도움도 줄 수 있을까요?

'어른들만 사람 사귀기가 힘든 게 아니야……'

엄마, 나한테 가장 소중하고 없어서는 안 될 사람이 엄마, 아빠인

건 나도 잘 알아. 그걸 모른다는 게 말이 돼? 그렇다고 친구보다 엄마랑 마음이 통하거나 함께 있는 게 편하지는 않아. 이건 엄마, 아빠를 무시하거나 싫어한다는 뜻이 아니야. 엄마, 아빠보다 친구를 더 사랑한다는 뜻도 아니야. 지금의 나에게는 친구가 더 중요하다는 뜻일 뿐이야.

이제 나에게도 엄마랑 나누고 싶지 않은 나만의 비밀, 나만의 고민이 있어. 그걸 친구랑 나누면서 함께 어른이 되고 싶은 거라고. 그런 걸 죄다 엄마와도 같이 나누자고 압박하면 나는 숨이 콱 막히고 짜증이 나.

지금 나한테 필요한 건 내 또래 친구지 마흔 넘은 어른 친구가 아니라고. 엄마 말대로 친구 때문에 손해만 볼 수도 있고, 아직 어떤 친구가 좋은 친구인지 보는 눈이 트이지도 않았지만, 엄마도 그런 걸 10대 때부터 알고 있지는 않았잖아요?

엄마는 내 친구들을 그냥 친구로 보지 않는 것 같아.

"걔는 좀 약은 거 같은데?"

"걔는 가정교육 제대로 받은 애 같지 않더라. 공부는 잘하니?"

사람 보는 안목을 키우라면서 엄마가 이렇게 일일이 평가를 해 주면 난 언제 그런 게 생겨? 사람 보는 눈이 말만 듣는다고 생기나요? 같이 놀아보고 싸워보고 틀어져도 봐야 생기는 거 아니야?

심지어 친구랑 사귀는 방법도 간섭하잖아요.

"친구한테 끌려 다니지 마라."

"만만하게 보였다간 꼬붕 노릇하기 십상이다."

"그럴 땐 대범하게 굴어야지. 그래야 친구들이 널 따르지."

엄마, 어른들만 사람 사귀는 일이 힘든 게 아니야. 친구들이 내 선택을 받으려고 줄을 서 있는 게 아니라고. 맞아, 엄마는 평생 내 곁에서 나를 위해 줄 사람이지만 친구들은 여차하면 등 돌리고 끝이잖아. 그런데 엄마가 '친구가 뭐길래' 하면서 쉽게 말하면 화가 나. 친구한테 끌려 다니고 실속도 못 차린다고? 실패하더라도 가장 손해가 적은 때가 지금 아니야? 제발 내 마음에 맞는 친구와 내 방식대로 사귈 기회를 줘.

얘는 나쁜 친구고 쟤는 좋은 친구라고? 아니, 얘는 나한테 맞는 친구고 쟤는 나랑 안 맞는 불편한 친구일 뿐이야. 그건 나만이 느낄 수 있고 나만이 판단할 수 있는 문제라고. '친구밖에 몰라, 저러다 큰 코 다치지', '저런 애랑 친구를 하다니'라는 엄마 말은 내가 형편없는 사람이라는 말로밖에 안 들려. '네 마음을 따르는 건 바보짓이야. 왜냐하면 넌 모자란 녀석이니까'라는 선고라도 받는 기분이라고. 그럴 때마다 내 감정과 판단을 스스로 믿지 못하겠고, 미심쩍고, 불안하고, 외롭고, 어정쩡한 기분이 들어. 엄마가 정작 걱정해야 할 일은 바로 이거 아니야?

친구는 친구, 엄마는 엄마일 수밖에 없는 이유

상담을 하다 보면 평생 친구처럼 지내고 싶었던 자녀와 엇박자가 난다는 엄마들의 하소연을 많이 듣는다. 엄마들은 자녀와 친구처럼 지내면서 수다를 떨거나 쇼핑을 하고, 서로 어떤 생각을 하는지 대화를 나누는 로망을 꿈꾸는 듯하다. 그러나 친구는 친구고, 자녀는 자녀다. 친구가 자녀가 될 수 없듯이 자녀 또한 친구가 될 수 없다. 어떤 사람이 자녀와 친구처럼 지낸다고 말했다면 하루 24시간 늘 친구처럼 지낸다는 것이 아니라 가끔 그럴 때가 있다는 뜻이다. 한마디로 우리가 생각하는 친구 관계와는 상당히 거리가 멀다.

자녀에게 친구 대역을 하라고 할 수는 없다. 다음 두 가지 중 하나만 선택할 수 있을 뿐이다. 바로 자녀와 친구가 되려는 욕구를 버리기와 자녀와 일부분만 친구처럼 되기다. 둘 중 하나만 선택해도 당신의 삶은 훨씬 풍요로워질 것이다. 세상에 어떤 사람이 친구에게 일방적으로 밥, 빨래, 청소를 해 주고 용돈과 학비까지 대 준단 말인가? 이미 그것만으로도 자녀는 친구가 될 수 없다.

친구란 같이 쇼핑가서 각자 필요한 물건을 사서 자신의 돈으로 지불하고, 각자 밥값을 내거나 돌아가면서 내고, 서로 편의에 맞는 시간에 만나서 함께 즐거움을 느끼는 일을 하는 관계다. 자녀 관계와는 전혀 다른 토대 위에 있다. 반면에 아이는 내가 일방적으로 사주는 옷에 고맙다는 말 한마디 없이 꼬투리를 다는 존재다. 그 순간 친구

이기를 원했던 관계는 아이와 엄마의 관계로 제대로 자리매김하게 된다.

엄마는 밥 먹고 싶은데 엄마 식성은 생각지도 않고 스파게티를 먹자고 할 때부터 이미 자녀는 친구가 아니다. 돈은 내가 내는데 메뉴는 네가 골라야 한다면 그건 친구가 아니다. 그게 자식이다. 그게 당연한 부모 자식 관계다. 따라서 당신이 자녀와 친구처럼 살아가지 못한다면 그건 당신이 정말 훌륭한 엄마라서 그런 것이다. 자녀는 친구가 아니라는 사실을 이미 경험적으로 체득한 것이니까. 자녀에게 관계에서의 이중성은 유지하기 어렵다는 사실을 잘 가르친 것이니까. 자녀가 부모에게서 독립하는 것은 발달의 중요한 과업이니 말이다. 나아가 아이가 엄마 앞에서 자기주장을 하고, 엄마의 반대를 무릅쓰고 자기 입장을 꺾지 않는다면 그건 당신이 아이를 제대로 키웠다는 반증이다. 아이에게 그런 면이 없으면 세상 살아가는 데 엄청난 애로 사항을 겪을 수밖에 없다.

만일 시어머니가 당신에게 '나는 너랑 친구하고 싶은데 너는 왜 나를 피하니?' 하고 묻는다면 어떤 생각이 들겠는가? '나는 우리 며느리랑 친구처럼 지내요'라고 말하는 시어머니는 봤지만, '나는 우리 시어머니와 친구처럼 지내요'라고 하는 며느리 고백은 별로 들어 본 일이 없다. 다 시어머니의 착각일 뿐이다. 마찬가지다. 우리는 자녀와 친구처럼 될 수 없다. 친구에게 부모가 돼 달라고 할 수 없는 것처럼.

물론 아주 가끔 친구처럼 외식도 하고 대화도 하고 쇼핑도 할 수 있다. 그러나 그건 친구로서가 아니라 부모 자식으로서 함께하는 일일 뿐이다. '친구처럼'이라는 개념을 중간에 끼워 넣으면 부모 자식 관계에 문제가 생기기 시작한다.

만일 당신이 자녀와 친구처럼 지내지 못해서 원망스러운 생각이 든다면 다행스러운 일이다. 그건 당신이 자녀와 올바른 부모 자식 관계를 만들었다는 반증이니까.

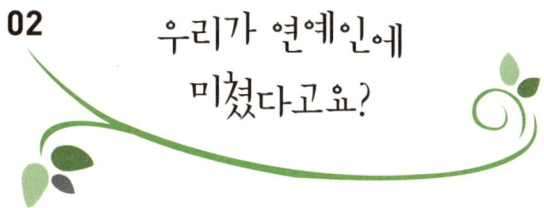

02 우리가 연예인에 미쳤다고요?

지인의 딸아이가 중학교 1학년이 되자 방안을 아이돌 스타 사진으로 도배했다고 한다. 가방도 신발도 오빠들이 선전하는 제품만 사고 오빠들의 비싼 콘서트 표를 사느라 어릴 때부터 친지들에게서 받아 모아 놓은 제법 큰돈을 탈탈 털었다. 서운해진 이 집 아빠는 줄기차게 자기 사진도 옆에 걸어 달라고, 매력으로 보나 기여도로 보나 자기도 비슷한 크기로 딸아이 방을 차지할 자격이 충분하다고 우기다 딸아이의 코웃음만 샀다고 한다. 어떻게 15년 사랑이 노래 한 곡만 못하냐고, 배신이라며 삐지는 애 아빠를 9대 1이라 역부족이라고 달랬다는 지인은 자신도 조금은 외동딸을 뺏긴 기분이라고 고백했다.

또 다른 지인의 아들은 개학 날짜도 확인하지 않은 채 좋아하는 걸

그룹의 콘서트 표를 구입해 놓고는 학교를 결석하겠다고 우기는 바람에 온 집안이 평지풍파에 휘말렸다고 한다. 그 지인은 아들이 제정신인지 모르겠다며 야한 차림으로 민망한 춤이나 추는 여자 아이돌 가수들이 도대체 우리 아들에게 무슨 좋은 영향을 미치겠냐고 걱정했다.

연예인을 좋아하는 것 자체를 나무라겠다는 엄마들은 드물다. 아이의 취향이니 존중해 줄 의사가 충분히 있다. 문제는 요즘 아이들이 연예인을 좋아하는 수준이 엄마들 눈에 정도가 지나치다는 데 있다. 팬 카페 활동을 하네, 도시락을 마련해서 보내네, 심지어 스케줄을 확인하며 쫓아다니기까지 한다.

이런 아이들을 엄마로서 마음 편하게 봐 주기는 힘든 것이 사실이다. 실제로 얻을 이익이 하나도 없는 일에 시간과 열정을 쏟는 것이 안타깝고 정작 해야 할 공부를 외면하는 수단이 되는 것 같아 속상하기만 하다. 이렇게 실속 없이 앞뒤 못 가리다 앞으로 세상을 어떻게 살지도 걱정스럽다.

돌이켜 보면 시대마다 젊은이들이 열광하는 문화의 아이콘은 늘 존재해 왔고 그것을 보며 혀를 차는 어른들 역시 늘 존재해 왔다. 어른들 눈에 그들은 항상 어리석은 아이들이었지만 한참 뒤에 보면 그 열광이야말로 한 시대를 아름답게 수놓은 열정이자 추억이자 시대를 이끄는 견인차이기도 했다. 실제적인 것만 중요하다는 사고방식이라면 모든 문화나 스포츠가 필요한 시대는 없었을 것이다. 아이들에게 좋아하는 연예인을 폄하하거나 좋아하는 방식이 틀렸다고 말하는 것은 그들의 선택과 관계 맺는 방식이 모두 잘못됐다고 비난하는 것과 같다.

'소중한 시간을 낭비하는 것 같아 안타까워요.'

10대들에게는 열광할 우상이 필요하고 그게 정신적으로 도움이 되는 측면도 있다는 건 저도 알아요. 위험한 연애에 빠지는 것보다는 연예인이 낫다 싶기도 하고요. 그렇지만 연예인을 좋아하는 건 가벼운 취미와 선망 정도로 끝나야 하지 않나요? 가수 일정표를 꿰고 돈 모아 선물 보내고 SNS에 일일이 댓글 다는 극성스러운 아이를 보고 있자면 무슨 생각으로 저렇게까지 하는지 속이 터지네요.

자기는 오빠들도 팬 사랑이 각별하다고 착각을 하지만 그냥 인기 관리지 우리 애 이름도 모르는 사람들이잖아요? 그런데도 마치 곁에서 자기를 지켜 주는 사람인 양 정성을 쏟는 걸 보면 한심한 생각이 듭니다. 아무리 아직 어리다고 해도 아무것도 되돌려 받을 게 없는 대상한테 시간과 돈과 마음을 쏟는 게 어리석은 짓이라는 걸 왜 모를까요? 이렇게 연예인한테 정신 줄을 놓는데, 이 다음에 남자 친구라도 생기면 어떻게 될까요? 엄마, 아빠가 안중에나 있을까요?

'헌신하면 헌신짝 된다'라는 말처럼 물불 안 가리고 내 것 다 털어주는 사람이 인간관계에서 꼭 손해보고 상처받기 마련이죠. 미래를

위해 써야 할 소중한 시간을 쓸데없이 낭비하는 꼴을 언제까지 참아
줘야 할까요? 더 심한 일 당하지 않도록 인간관계에서 소중한 사람
을 가리는 법, 주고받는 균형을 가르쳐야 할 텐데, 그런 엄마의 속사
정을 도통 몰라주고 으르렁 대기만 하니 이 다음에 무슨 후회를 하
려고 저러는지 모르겠어요.

'어떤 관계를 맺고 무엇을 배울지는 내가 결정할래.'

엄마, 나는 그냥 그 오빠들이 정말 좋아. 이게 내 느낌이고 내 판단
이야. 오빠들이 노래하고 춤추는 걸 보고 있으면 마음이 꽉 찬 것처
럼 기쁘다고요. 그 오빠들이 남이 아니라 나랑 함께 있는 가까운 사
람처럼 여겨져.

엄마 말대로 하기 싫은 공부 피하려고 쓸데없이 시간 낭비하는 짓
인지는 모르겠어. 만약 그게 사실이라면 엄마는 더더욱 그런 말을 하
지 말아야 하는 것 아니야? 그럴수록 나는 오빠들을 더 피신처로 삼
을 테니까.

연예인을 좋아하는 게 실속 없고 시간낭비라고? 정도가 지나쳐서
걱정스럽다고? 그렇지만 이게 바로 지금 내가 알고 있고, 하고 싶은
방식인 걸? 내가 친구를 선택하고 관계 맺는 방식을 존중 받고 싶은
것처럼 아이돌 오빠를 좋아하는 것 역시 내 방식임을 인정받고 싶어.

몸에 문신이나 새긴 그 오빠들이 나한테 무슨 도움이 되겠냐고? 그 오빠들은 나한테 눈곱만큼의 관심도 없다고? 심지어 내가 누군지도 모르는데 뭘 그리 좋아하냐고? 그런 식으로 어리석은 짓 그만하라고 말하지 말아 줘. 지금은 이게 내가 하고 싶은 방식이니까요. 그 오빠들 덕분에 동물 보호에 관심도 갖게 됐고 함께 봉사도 하는 걸?

내가 미덥지 않더라도 한 발짝 물러나 줘요. 내 목소리를 듣고 그 리듬에 춤추는 방식을 영원히 놓치지 않도록요. 너무 뜨겁거나 차다고 판단하는 건 내가 할래. 어떤 관계를 맺고 무엇을 배울 건지도 내가 결정할래. 결국 '이건 아니구나, 시간 낭비였구나' 하는 것밖에 배울 수 없다 해도 아무것도 배우지 못하는 것보다는 훨씬 나을 거예요.

선택은, 열정은, 경험으로만 배울 수 있잖아요. 내 나이를 빼앗지 말아 주세요, 제발.

변화의 역설적 이론

아이가 공부에 집중하지 않고 연예인이나 따라다니고, 엄마한테 쓰는 돈은 십 원도 아까워 하면서 연예인 따라다니는 데는 수십만 원씩 투척하는 자녀를 보면 부모 속은 타게 마련이다. 그 시간에 공부를 하든지, 그 열정을 공부에 쏟든지, 아니면 어디 가서 봉사라도 했으면 대학 가는 데 유리하련만 부모 속을 아는지 모르는지 자녀들은 팬 사인회 티켓 하나 얻으려고 똑같은 CD를 수십 장 사고, 똑같은 콘서트 공연을 쫓아다닌다.

이런 아이를 변화시키려면 어떻게 해야 할까? 어떻게 하면 아이가 연예인 대신 공부에 빠지게 할 수 있을까? 아이를 변화시킬 수 있는 절묘한 방법으로 '변화의 역설적 이론'을 소개하고자 한다.

'변화의 역설적 이론'은 미국의 심리학자인 아놀드 바이써(Arnold Beisser)가 주장한 이론으로, '변화란 변화하려고 애쓸 때 일어나지 않고 오히려 그대로 머무를 때 가능하다'는 것을 주요 요지로 담고 있다. 바이써는 자기 자신에게서 벗어나려고 애쓸 때에는 오히려 변화할 수 없고, 자기 자신으로 존재할 때 변화가 온다고 했다. 다른 사람이 되라고 강요해서는 변화가 일어나지 않고, 지금의 자기 자신에 충분히 머물러 있을 때 다른 사람이 된다는 것이다. 즉, 슬플 때 슬픔에서 빠져나오려고 발버둥치거나, 불안할 때 불안하지 않으려고 애쓰면 거기에서 빠져나올 수 없고, 오히려 슬픔과 불안에 잠시 머무를 때 슬픔과 불안이 내게 말하고자 하는 바를 알게 돼 거기에서 자유로울 수 있다는 뜻이다.

바이써의 주장은 '강압적인 주인 밑에 성심을 다해 일하는 머슴이 없다'는 말과 일맥상통하는 이론이자, 부모가 아무리 강압적으로 협박을 해도 아이들이 계속 엇나가는 이유를 말해주는 이론이기도 하다. 아이를 채찍과 당근으로 살살 꼬드겨서 부모가 원하는 방향으로 가게 하려는 시도도 바로 이런 이유로 실패하는 것이다.

이 이론은 우리가 잘 알고 있는, 사람의 외투를 벗기기 위해 내기를 했던 바람과 태양의 승부 비유와도 맞닿아 있다. 그 이야기 속에서 세찬 바람으로 나그네의 외투를 벗기려던 바람의 노력은 실패하고 오히려 외투에 아무런 힘을 가하지 않은 태양이 외투 벗기기에 성공한다. 세찬 바람으로 아이 옷을 강제로 벗기려 하면 아무것도 얻을 수 없다.

드라마를 보면 자식이 만나는 배우자감을 못마땅하게 생각하는 부모가 자녀를 물적, 심적 협공으로 협박하면서 헤어지기를 종용하는 경우가 있다. 여기서 부모의 판단대로 커플이 순순히 헤어지는 시나리오는 없다. 오히려 부모의 반대가 둘을 더 가까이 하게 만드는 접착제 구실을 한다. 부모의 반대에 봉착한 커플은 부모의 반대에 신경 쓰느라 서로의 됨됨이와 취향 등을 탐색할 기회를 놓친다. 서로 상대에게 집중해야 할 시기에 공동의 적(부모의 반대)을 물리치는 데 신경 쓰다 보니 서로를 실제보다 훨씬 가깝게 느끼게 된다. 결국 부모가 바라는 바와 반대되는 길을 걷는다. 부모를 등지거나, 아니면 부모에게 굴복해서 헤어지지만 한에 맺혀서 헤어짐의 상처보다 더한 원망을 부모에게 퍼붓는다.

이럴 때에는 그냥 서로가 서로에게 머무를 수 있도록 부모가 방해하지 않는 편이 더 낫다. 그러다 보면 오히려 서로를 탐색하다가 서로가 맞지 않는 사람이라는 사실을 알아차릴 가능성이 생긴다. 부모의 강압은 오히려 눈을 멀게 만들 뿐이다.

연예인을 지나치게 좋아하고 따라다니는 사춘기 아이들도 마찬가지다. 이 시기의 아이들이 연예인을 좋아하고 따라다니는 것이 범죄

행위는 아니다. 물론 부모의 성향에 따라 그런 자녀의 행위를 참아주기 힘들 수 있다. 그 행위가 무가치해 보이고, 시간낭비처럼 보여서 한심한 생각에 저절로 잔소리가 나올 것이다. 그러나 아이가 변화하기를 바란다면 옆에서 속 시끄럽게 만들면서 한심하다고 잔소리만 해대서는 안 된다. 그러다 자칫 부모 자식 관계까지 망치게 된다.

연예인을 따라다니는 일을 그만두게 하는 방법은 없다. 만일 있다면 따라다니고 싶을 만큼 따라다니게 놔두는 방법이 확률이 가장 높다. 하고 싶은 일을 실컷 해 보고 '이젠 그만해도 여한이 없다'고 정리를 하든가, 아니면 일상의 균형을 맞춰 가면서 연예인을 좋아하는 법을 체득하도록 하는 것이 상수(上手)다. 이런 변화는 아이가 그 자리에 머물러 있을 때 가능하다. 반면에 부모가 참지 못하고 아이에게 비난을 해댄다면 균형을 찾아야 할 내면의 배는 늘 흔들리고 뒤집어져서 균형이 무엇인지 배울 기회마저 상실하게 된다. 그리고 변화의 역설적 이론에서 주장하는 것처럼 아이가 그 자리에서 벗어나지 않으려고 애쓸 가능성이 높다.

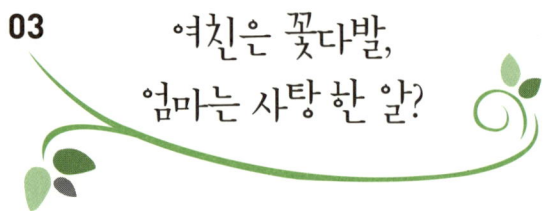

03 여친은 꽃다발,
엄마는 사탕 한 알?

화이트 데이가 되면 연인들만 설레는 것이 아니다. 아들 가진 엄마
들도 조금은 들뜬 마음이 된다. 평소에는 무뚝뚝한 아들이 예쁜 사탕
봉지라도 쑥 내밀면 그간의 무관심이나 서운함이 씻기는 듯한 행복
감을 맛보기 때문이다.

필자의 지인 한 명도 어느 해 화이트 데이 전날 밤에 은근히 기대
를 걸고 아들 방문을 열었다가 화들짝 놀랐다고 한다. 책상 한편에
사탕과 꽃으로 된 커다란 바구니가 놓여 있었기 때문이다.

'얘가 말은 안 해도 그 동안 나한테 고맙고 미안했나 보다. 3학년
이 되더니 철이 들었나? 하긴 내년이면 고등학생인데…….'

어떤 말로 기쁨을 표현해야 하나 하는 행복한 고민으로 아침을 맞

았는데, 아들이 정작 출근하는 지인에게 준 것은 달랑 막대 사탕 하나였다.

"엄마, 이번에 내가 용돈이 좀 모자라서 말이야. 내년엔 더 좋은 걸로 줄게."

"어? 그럼 책상 위에 꽃바구니는?"

"어, 그건…… 줄 사람 있어……."

아들의 표정만으로 충분히 짐작이 되더라고 했다. '드디어 내게도 올 것이 왔구나…….' 그 지인은 서둘러 집을 나서는 아들의 뒷모습을 바라보며 말할 수 없는 섭섭함이 밀려오더라고 말했다.

"커다란 꽃바구니와 사탕 한 알, 그게 모든 걸 말해주더라고요."

함께 이 얘기를 듣던 아들 가진 엄마들은 모두 격한 공감을 표시하며 '그래, 꽃바구니 주인공은 누구였냐', '예뻤냐', '착한 것 같더냐', '그 뒤로 아들이 또 무슨 서운한 짓을 하더냐' 등등 관심들이 대단했다.

"나는 내가 항상 준비돼 있다고 생각했어요. 아들에게 여자 친구가 생긴다는 건 아들이 건강하게 성장했다는 증거니까 오히려 축하해 줄 생각이었어요. 그런데 생각처럼 되지는 않더라고요. 공부에 방해되면 큰일인데, 스킨십이 지나치면 어떡하나, 여자애는 인성이 괜찮은지, 둘이 만나면 뭘 하나, 하고 자꾸 촉을 세우게 되더라고요. 큰 꽃다발은 걔를 주고 나한테는 달랑 사탕 한 알 준 것도 잊혀지지 않고요. 좀 유치하죠?"

엄마들이 모두 고개를 끄덕이면서도 너나없이 입을 모은 결론은 아무리 그래도 엄마한테 사탕 한 알은 너무했다는 것이었다. 큰 바구니 살 돈으로 작은 바구니 두 개는 사야 옳았다는 것이다.

아들들이 이 절묘하고도 웃긴 결론을 들으면 어떤 표정을 지을까? 절레절레 머리를 흔드는 아이들의 곤혹스러운 표정이 보이는 것 같지 않은가?

'우리 아이에게 이성 친구가 생겼어요.'

우리 아들에게 드디어 여자 친구가 생겼어요. 용감하게 고백도 하고 정식으로 사귀게 됐다니 역시 멋있는 내 아들이라고 진심으로 축하해 줬지요. 이제 고등학생이니 그런 과정을 겪어야 할 좋은 나이니까요.

그런데 아들이 좋아 죽는 표정으로 전화기를 붙들고 방으로 들어가 버리거나 밤늦게까지 전화기를 붙들고 소근 거리는 모습을 보고 있자니 처음에 느낀 기쁨도 잠시, 점차 서운함, 소외감, 걱정이 스멀스멀 올라오더라고요. 마치 아들을 뺏긴 것 같은 이 기분은 대체 뭘까요? 어쩐지 그 여자애가 그리 착하지 않을 것 같은 예감도 들고요. 요즘 여자애들이 좀 거센가요?

남자애들 엄마들이 모이면 수능 끝날 때까지 우리 아들 내치지 말아 달라고 아들 여자 친구한테 조공을 바쳐야 한다는 말까지 하거든요. 옛날에는 연애하면 여자가 마음 흔들려 공부 망쳤는데, 요즘은

똑똑한 여자애들은 수능 앞두고 공부에 매진하는데 어리바리한 아들 녀석들이 등 돌린 여자 친구한테 매달려 공부를 망친다지 뭡니까? 야무지지 못한 우리 아들도 영악한 여자애한테 걸려 온갖 비위 다 맞추다 상처받지는 않을까 걱정입니다.

'지금 결혼하려는 게 아니잖아.'

요즘 엄마 왜 그래요? 왜 갑자기 간섭을 하고 자꾸 시시콜콜 캐묻는 거야? 어제 저녁에는 내 스마트폰을 뒤진 것 같던데? 우리 엄마는 아들 사생활이나 엿보는 그런 사람이 아니었잖아.

내가 여자 친구 사귀는 게 그렇게 잘못된 거야? 함께 뭘 했는지는 왜 자꾸 물어요? 뭘 먹었는지, 백일 선물은 뭘 해 줬는지, 걔가 나한테 뭐라고 말했는지, 이런 걸 왜 엄마한테 말해야 해? 걔가 얼마만큼 좋으냐고? 자꾸 걔 생각만 하느라 공부는 뒷전인 거 아니냐고? 엄마, 왜 그래요, 정말?

우린 친구예요. 지금 나랑 걔랑 결혼하는 게 아니라고. 걔가 어떤 앤지 제발 좀 그만 물어. 그 애 집안은 왜 따지고 공부는 왜 따지고 그래?

전에도 좋아하는 여자애가 몇 명 있었지만 혼자 좋아하다 끝났는데 이번에는 고백도 했고 사귀자고 약속도 했으니까 나도 무척 흥분

되는 건 사실이야. 엄마한테 자랑하고 싶고 여자들은 어떻게 해야 좋아하는지 물어보고 싶기도 했어. 그렇지만 이제 엄마한테 여자 친구 사귄다는 말을 하지 말 걸 하고 후회하고 있어. 친구들이 왜 엄마한테 절대로 말하지 말라고 하는지 알 것 같거든.

엄마는 왜 걔를 자기 마음대로 나를 휘두르는 여우같은 애로 몰아가? 왜 나를 여자한테 빠진 얼간이 취급하느냐고? 왜 마치 우리가 어디서 불장난하다 아기라도 한 명 낳아 올 것처럼 굴어?

직접 그렇게 말한 적은 없지만 나도 바보가 아닌 이상 엄마가 살짝살짝 비트는 말을 전혀 못 알아듣진 않는다고요. 그냥 솔직하게 여자 친구 사귈 땐 건전하고 예의 바르게 하라고 말해요. 엄마한테는 무뚝뚝하더니 여자 친구한테 너무 친절해서 좀 서운했다고 말하라고요. 그리고 관심 좀 끊어 줘요, 제발.

나도 뭘 조심해야 하는지 다 알고 있어. 엄마가 걱정하는 그런 일이 흔하게 일어나지는 않는다고요. 나는 우리 엄마가 아들한테 집착하고 간섭하는 촌스러운 사람이라고 생각한 적 없었는데, 솔직히 요즘에는 좀 실망이야.

사춘기 마음을 읽는 지혜

아들아, 아들아, 여자 친구와 엄마 중에 누가 더 예쁘니?

사춘기 자녀에게 이성 친구가 생기면 부모는 마냥 좋을 수만은 없다. 대학에 가서 사귀어도 늦지 않을 것을, 지금은 공부할 때인데 그걸 놓치는 것 같아 안타깝다. 저러다 연애에 빠져서 공부는 뒷전이고 인생 망치는 것은 아닐까? 여우같은 여자애한테 휘둘려 허덕거리지는 않을까? 까칠하고 나쁜 남자한테 마음 빼앗겨 골방에서 울면서 인생 허비하며 살지는 않을까? 온갖 걱정이 앞선다.

세상이 변해서 중·고등학생에게 이성 친구 한 명 있다고 뭐라고 해서는 안 된다는 것쯤은 알고 있다. 그러나 아이가 늦게 귀가하거나 까닭 없이 기분이 침울해져 있을 때에는 선을 넘으면 어쩌나, 이성 친구와 싸웠나, 연애전선에 문제가 생겼나 하고 걱정이 된다. 연애는 연애고 일상을 잘 유지했으면 하는 마음을 아는지 모르는지 내게 짜증을 내고 툴툴거릴 때면 이게 다 이성 친구 때문인 것 같아 화도 나고 걱정도 되고, 질투도 아닌 것이 뭐라 꼭 꼬집어 말할 수 없는 감정에 사로잡힌다.

남녀 관계의 변천사는 우리가 따라가기 어려울 만큼 진보적인 속도로 질주하고 있다. 남녀칠세부동석이라는 말은 이제 사라진 언어가 됐다. 약 30년 전에 어떤 이가 해 준 말이 생각난다. 미국에서는 딸이 생리를 시작하면 아침마다 물컵에 피임약을 넣어 준다는 말이 었는데 당시에는 믿기가 힘들었다. 물론 모든 아이들이 이성 친구를 사귀는 것은 아니지만 어쨌든 우리가 상상하기 어려운, 아니 상상하기 싫은 방향과 속도로 이성 관계의 폭과 깊이가 발전하고 있다. 그런데도 자녀의 이성 관계에 개입하거나 반대하는 것을 조선시대의 유물로 여기는 사회 변화에 속절없이 손 놓고 있어야 하는 상황이 혼란스럽기만 하다.

또한 내게는 한 번도 지어 본 적 없는 환한 미소를 띠고, 평생을 바쳐 길러 준 엄마보다 이성 친구에게 더 비싼 선물 공세를 하고, 마치 이성 친구 때문에 새로 태어났다는 듯이 기뻐할 때면 부모로서 빈정상하는 것도 당연하다.

하지만 그렇더라도 여기에서 부모가 간과해서는 안 될 중요한 사실이 하나 있다. 지금 우리 아이는 '연애의 기술'을 반드시 알아야 하는 세상에서 살고 있다는 점이다. 그런 기술은 연애뿐만 아니라 결혼 생활을 건강하게 유지하는 데도 필수적이다.

1970~1980년대에는 자녀가 가만히 있다가 부모가 정해 주는 배필과 결혼하는 것이 미덕이었다. 여성은 말할 것도 없고, 남자 역시 연애 횟수가 두 번을 넘어가면 '바람둥이'로 불리기도 했다. 특히 여성에게는 좀 더 엄격한 사회적인 규제가 있었다. 지금의 기준으로 보면 말도 안 되는 개념이다. 최근에 연애 토크 쇼에 나오는 패널들의 발언 수위를 보라. 남녀를 불문하고 노골적인 표현이 쏟아져 나와서 혼자 보기에도 불편할 지경이다. 그런 프로그램을 본다는 것조차 숨기고 싶을 만큼 원색적이고 본성을 자극하는 말들을 얼굴에 모자이크 처리도 하지 않은 채 쏟아내고 있다. 우리에게도 과연 저런 본성이 있을까 의문스러울 정도로 수위 높은 이야기를 듣고 있자면, 원래의 본성을 자극하는 것인지, 선정성을 창조해내는 것인지 혼란스럽기까지 하다.

지금은 사회 전체적으로 '연애' 혹은 '남녀 관계'라는 범주의 중요성이 가족, 사회, 학교, 직장에 못지않을 정도로 부각되고 있다. 예전에는 연애를 잘한다는 덕목이 마치 국수 잘 삶기 정도의 부가적인 기능에 불과했지만, 이제는 삶에서 필수불가결한 부분을 차지하고 있다. 특히 젊은이들에게 이성 관계란 더없이 중요한 영역이다. 그래서 더더욱 부모들은 내 아이가 다른 것은 몰라도 연애만큼은 건강하고 밝게 했으면 좋겠다는 마음을 갖게 된다.

그렇다면 '건강한 연애'란 무엇일까? 굴곡 없이 한 명의 배우자감을 좋아하다가 결혼으로 결실을 맺는 것일까? 헤어짐의 슬픔과 절망을 한 번도 겪지 않고 순탄하게 생을 마감하는 것만을 건강하다고 말할 수 있을까? 헤어짐이 잦고 그로 인해 감당하기 어려운 감정과 고통을 여러 번 겪으면 건강하지 못하다고 말할 수 있을까?

어떤 연애를 건강하다거나 혹은 건강하지 못하다고 평가 내릴 수는 없다. 다만 누구와 어떻게 맺어지든 연애가 마무리된 뒤에 서로가 성장할 수 있는 관계라면 좋을 것이다. 연애를 통해 다른 관계에서 느끼지 못할 깊은 감정을 겪고 그로 인해 인생과 삶에 대한 이해를 넓힐 수 있다면 더할 나위 없을 것이다. (사실, 관계를 통한 성장은 자식 키우는 것 만한 것이 없다. 자식의 반항과 독립을 통해 인간의 삶에 대해 깨닫는다면 그게 바로 인생의 가장 큰 교훈이다.) 반면에 관계를 통해 성장하지 못하면 늘 다람쥐 쳇바퀴 돌듯이 똑같은 패턴의 관계를 반복하게 된다. 이런 사람들은 스스로를 매우 불행하다고 생각한다.

옆 사람의 연애에 훈수를 둬 본 사람은 알겠지만, 아무리 타인이 개입해서 온갖 조언을 쏟아 부어도 개인이 하는 이성 교제는 자기

하고 싶은 대로 한다. 옆에서 둔 훈수가 먹히는 것처럼 반응하는 사람도 있지만 결국 나중에 보면 도루묵이다. 사춘기 자녀들도 마찬가지다. 부모의 훈수를 알아듣기는커녕 오히려 부모의 개입에 더 반발하기도 한다. 그러니 어설프게 훈수를 두느니 평소에 부모의 인간관 및 연애관을 이야기해 두는 편이 낫다. 그렇다고 아이와 함께 TV를 보다가 이런 식으로 말하면 곤란하다.

"저런 여자는 안 돼. 저런 여우같은 여자 잘못 만나면 평생 뼛골 빠진다."

"남자 잘 생긴 거 다 소용없다. 아무짝에도 쓸모없다."

"저런 여자랑 결혼한다고 집에 데려오면 엄마는 머리 깎고 절로 들어갈 거다."

"저런 놈이랑 만나면 집에서 내쫓아 버린다."

함께 TV를 보다가 부모에게서 이런 말을 들으면 아이들은 이렇게 생각한다.

'내가 보기엔 저 남자(혹은 여자) 멋진데(혹은 예쁜데) 엄마는 왜 그러는 걸까?'
'엄마, 아빠랑 행복하려면 내 행복은 버려야 하는 거구나. 저런 사람을 만나지 않도록 조심해야겠다.'

결국 이 아이는 연애 상대를 선택할 때 부모의 입맛에 맞는 사람인지 아닌지를 판단하느라 자신의 미각을 잃어버리고 죽도 밥도 아닌 상대를 만나 혼란스런 관계를 맺을 가능성이 높다. 만일 부모가 싫어할 만한 상대를 만나더라도 부모가 그 사실을 알게 될까봐 전전긍긍 자유롭지 못하다. 눈이 두 개가 아니라 여섯 개로 사람을 보니 어떤 기준으로 판단을 해야 할지 뒤죽박죽이 된다. 보는 눈이 많을수록 사람을 더 세심하고 다각도로 평가할 것 같지만 결국 아무것도 마음에 차지 않게 된다. 상대도 자신도 늘 부족하다는 판단이 들어 헛헛한 마음을 안고 살아간다.

옛날에는 딸이 자신의 마음에 들지 않는 남자를 만난다고 방안에 가두고 외출을 못 하게 한 부모들이 있었다. 비단 옛날 일이 아니다. 필자가 아는 여자 치과의사는 일반 회사원과 사귄다고 부모님이 지방에서 올라와 외출을 못 하게 하고 강압적으로 헤어지라고 하는 바람에 남자 친구와 헤어졌다고 한다. 또 30대 중반이 넘어서 같은 치과의사인 남자를 만나기도 했지만, 이때에도 출신 학교 수준이 안 맞는다고 부모가 퇴짜를 놓았다고 한다. 그녀는 자신의 부모는 학벌이나 직업의 문제가 아니라, 어느 누구를 데려와도 마음에 들어 하지 않을 것 같고, 결혼하더라도 잘 살게 내버려 둘 것 같지 않다고 말했다. 그녀의 부모는 모두 교사였는데, 아마도 부모가 자녀를 제대로 키워 놓으면 자녀는 반드시 부모의 뜻을 따르게 돼 있다고 확신하고 있는 듯했다. 사춘기 때 부모에게 반항과 저항을 하지 못하고 지나가면 이런 사단이 난다. 서로가 불행한 일이다. 자식이 돼서 부모를 성장시키지 못하고 여전히 자식은 부모가 원하는 방향으로 가게 만들 수 있다고 생각하도록 만드는 것, 자식으로서의 직무유기자 불효다.

물론 요즘 청소년들의 성의식, 특히 딸인 경우에 성적인 부분에 대해 걱정이 앞서기도 할 것이다. 자녀의 이성 교제를 무조건 박수치며 환영할 수 없게 하는 요인이기도 하다. 미성년인 내 아이가 성경험을 한다는 사실도 받아들이기 어렵고, 또 임신과 출산이라는 현실적인 우려도 있다.

이에 대해 먼저 대학생 성의식에 대해 2014년에 연구한 자료(성심리 - 대학생의 성의식, 우남식, 2015)를 보자. 성관계 경험 유무를 묻는 질문에 여학생 191명 중 23%인 44명이 경험이 있다고 대답했고, 이 중 18세 이전에 경험했다고 답한 여학생은 7명이었다. 44명 중 대부분이 대학생이 된 이후에 성경험을 했다는 것이다.

눈길을 끄는 결과 중 하나는 2004년과 2014년의 여학생 성경험 비율이 그리 달라지지 않았다는 점이다. 2004년에는 20.5%, 2014년에는 23%라고 보고됐는데, 지난 10년 동안 사회적으로 엄청난 성개방이 이루어진 데도 불구하고 여자 대학생의 성경험 비율은 거의 그대로 머물러 있음을 알 수 있다. 마찬가지로 10년 동안 미성년 여학생의 성경험 비율도 유의미하게 달라지지 않았다. 이 결과는 이성 교제가 스스럼없이 이루어지고 있는 요즘에도 미성년 시절에 실제 성관계가 이루어지는 일은 여전히 미미하다는 의미로 해석할 수 있겠다.

한편, 성관계 이후 임신 경험을 묻는 질문에는 2004년에는 여학생의 3.9%가, 2014년에는 여학생의 1%가 임신 경험이 있다고 대답했다. 여대생의 임신 경험은 10년 동안 오히려 줄었다. 과거에 비해 성에 대한 자기결정권과 피임 지식이 확대되고, 청소년들 역시 성에 대해 덜 무지해진 것으로 보인다.

그렇더라도 미성년인 내 딸이 남자 친구를 사귀다가 성관계를 맺고 임신까지 하면 어쩌나 하고 걱정하는 부모의 마음은 충분히 이해할 만하다. 그러나 다른 한 편으로 부모의 이런 걱정은 딸과의 소통이 부족하다는 증거로도 생각해 볼 수 있다. 사춘기 아이 중 어느 누구도 가출을 하거나, 대책 없이 학교를 그만두고 임신하고 싶어 하는 아이는 없다. 그런 아이가 있다면 보호 받지 못한 극심한 외로움이나 자기를 파괴시키고 싶을 만큼 깊은 분노에 휩싸여 있다는 반증일 것이다.

지난 2014년에 한 미국의 어머니가 이상한 속옷 차림의 사진을 SNS에 올린 청소년 딸을 눈물이 쏙 빠지게 야단치는 동영상이 인터넷상에서 인기를 끈 적이 있다. 네티즌들은 되바라진 청소년을 어쩌지도 못하고 살아가는 어른들에게 대리만족을 시켜줬다는 이유로 열광했다. 속이 다 시원하다는 댓글과 함께 엄청난 조회 수를 기록했다. 그런데 생각해 보자. 어른들에게는 속이 시원한 동영상일지 모르지만 부모에게 혼나고 신상까지 털린 아이는 뭐냐 말이다. 아이에게는 부모에게 혼이 난 것만 해도 큰 사건일 텐데, 그 모습이 찍힌 동영상이 복사에 복사를 거듭하며 전 세계에 퍼지고, 그로 인해 엄마는 영웅 대접을 받고 자신은 비난 댓글에 둘러싸인 심정은 누가 헤아려 주느냐 말이다. 이런 일은 상담 장면에서는 '1급 상처'에 해당한다. 이 아이는 여간해서는 부모와 관계를 회복하기 어려울 것이다. 아이의 실수를 이런 방식으로 바로잡으려고 해서는 아이와 다시 만날 수 없는 강을 건너게 된다.

아이가 어려움을 겪을 때 부모는 돌봐 줘야 한다. 미성년 자녀의 이성 교제와 임신이 걱정된다면 아이와 대화를 해야 한다. 찍어 누르지 말고, 일장 연설도 하지 말고, 답답하다고 소리도 지르지 말고, 너랑은 말이 안 통한다면서 판을 깨지도 말고, 무슨 이야기든 들어줄 수 있다는 마음가짐으로 아이의 얘기를 들어 줘야 한다. 어린 나이에 임신을 해서 힘든 인생을 보내고 싶어 하는 아이는 아무도 없다. 그런 구태의연한 훈계는 아이에게 아무 도움도 되지 못한다. 아이는 엄마를 도움을 주기는커녕 답답하고 고민 하나 더 얹어주는 존재로 인식할 것이다.

그럼 그런 교육은 누가 하냐고? 엄마가 하려는 교육적인 말은 아이도 이미 알고 있다. 아이에게는 자기 말을 들어 주고 함께 걱정해 줄 엄마가 필요할 뿐이다.

앞서 대학생 성의식 조사에서 성경험 통계보다 눈에 띄는 자료는 여학생의 12.2%가 '어린 시절 성추행을 당한 적이 있다'고 응답한 것이다. 이러한 통계 자료를 보면 아이가 이성을 사귀는지를 감시하기에 앞서 어릴 적에 성추행당한 경험이 있는지에 대해 대화해 봐야 한다는 사실을 알 수 있다. 이성 관계로 인해 받은 상처에는 본인의 결정과 책임도 들어 있지만, 성추행의 경우 본인의 의지가 전혀 작동하지 않은 상태에서 상처를 받기 때문에 더욱 세심한 관심과 치유가 필요하다. 특히 성추행 경험은 이성 관계에도 반드시 영향을 미치기 때문에 섬세하게 돌봐 줄 필요가 있다.

연애하는 방식만 봐도 그 사람이 보인다. 관계에 연연하는 사람이 있는가 하면, 관계를 지속시키기를 두려워하고 늘 주변을 떠도는 사람이 있다. 평소에는 헌신하지 않다가 상대가 헤어질 기미를 보이면 갑자기 집착하는 사람도 있고, 한 상대에게 헌신하지 못하고 거짓으로 일관하는 사람도 있다. 다른 인간관계에서 나타나지 않는 면면들이 이성 교제를 통해 드러나곤 한다. 인간관계 중에 가장 열정적이고, 만남과 헤어짐이 분명하고, (비교적 다른 관계에 비해서) 지속 기간이 짧은 것이 연애 관계이기 때문이다. 부모나 형제와의 관계는 말할 것도 없고 친구 관계에서도 그 사람의 정체성이 낱낱이 드러나지는 않는다. 직장에서도 마찬가지로 직장 동료들과 여러 형태의 관계를 경험하지만 일대일 연애 관계에서처럼 자신의 모습을 온전히 드러내는 관계를 맺기는 어렵다.

이런 점에서 자녀의 연애 얘기를 들어 보면, 아이가 부모와의 관계를 통해 얻지 못한 면이 어떤 것인지, 연애 관계를 통해 어떤 면을 추구하려 하는지를 파악할 수 있다(물론 아이가 자신의 연애 얘기를 부모에게 말해줄 때에만 가능하다). 따라서 아이의 연애에 대해 부모의 잣대로 '넌 왜 그러니?', '그러지 마라' 등의 훈수를 두지 말고, 아이가 연애를 통해 발전하고 성숙해져 가는 모습을 바라봐 줘야 한다. 굳이 도움 되는 말이 있다면 이런 것들이다.

"연애는 하고 싶은 만큼 많이 해라. 젊은이의 특권이다."

"운명 같은 사랑이 있을 수도 있다. 하지만 그 운명 같은 사랑도 변할 수 있다."

"사랑은 사람의 힘으로 시작하고 말고 할 수 있는 게 아니다. 생각과 다르게 마음이 움직이곤 한다. 그걸 알고 있으면 순간적인 감정에 휩싸이지 않고 잘 대처할 수 있다."

"남녀 간에도 우정이 매우 중요하다."

"일방적으로 헌신하는 관계는 성립하지 않는다. 〈인간극장〉에 나오는, 어느 한 쪽 배우자가 장애가 있어 다른 쪽 배우자가 극진히 보살피면서 헌신하는 부부 관계도 일방적인 헌신이라기 보다는 그런 관계 속에서 반드시 그만큼의 보답을 받기 때문에 지속되는 것이다. 어느 한 쪽이라도 사랑의 잔고가 바닥나면 관계는 불행해지고 깨지게 돼 있다."

"사랑은 일방적 관계가 아니라 서로 주고받는 관계다."

이때에도 물론 부모의 이론이라는 점을 분명히 하고 얘기해야 한다. 실제로 이런 말들은 모두 개인의 견해일 뿐이다. 반대로 이토록 넘쳐나는 사랑에 관한 이론 중에서 어떤 것을 참고할지 또한 개인의 선택 사항이다.

아이를 위해서 부모가 할 수 있는 가장 효과적이고 진정성 있는 교육은 부부가 서로를 대하는 태도를 통해서, 또한 부모가 자녀를 대하는 태도를 통해서 '사랑'이 무엇인지 보여주는 것이다. 아이가 이런 식으로 부모에게서 존중과 애정을 충분히 받고 있다면, 그 아이가 자신을 존중하지 않는 사람과 사랑에 빠지거나, 배우자를 잘못 만나 굴곡진 삶을 살 걱정을 할 필요가 없다.

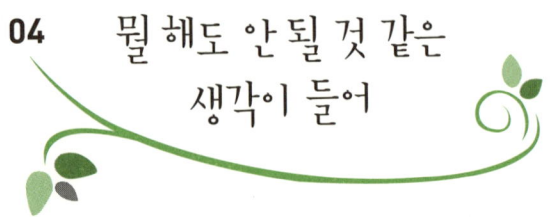

**04   뭘 해도 안 될 것 같은
생각이 들어**

자기 자신을 긍정적으로 받아들이고 자존감이 높은 아이는 청소년기의 중요한 과업인 자기 정체성을 건강하게 확립한다. 어려움에 처했을 때 회복하는 탄력성도 남다르다. 그래서 엄마들은 한결같이 우리 아이가 자존감 높은 사람으로 성장하기를 바란다.

자존감은 단순한 자신감과는 다르다. 자신에 대한 주관적이고 총체적인 평가다. 공부를 잘한다고, 외모가 뛰어나다고, 남이 감탄해 준다고 자존감이 높아지지 않는다. 남들이 평가하는 말이나 객관적인 성취 수준과도 관계없고, 어느 특정한 영역에서 정상에 올라섰다고 달라지지도 않는다. 자존감은 자기 자신에게 내리는 주관적인 평가이고 한 인간으로서의 전면적 평가이기 때문이다.

"내가 성적과 외모는 좀 떨어져도 유머가 뛰어나고 부지런하고 센스도 있으니 이만하면 나는 참 괜찮은 사람이야."

"내세울 건 없지만 나는 이대로도 충분히 좋은 사람이야."

물론 객관적으로 공부도 잘하고 예의도 바르고 외모가 뛰어나면 긍정적인 피드백을 많이 받고 긍정적인 자아상을 형성할 가능성도 더 높다. 그러나 주관적이고 총체적인 평가라는 것은 객관적인 상황을 넘어 결국 인생을 바라보는 철학적인 관점과 직결된다. 온갖 악조건과 한계 속에서도 따뜻한 인품과 자기 삶에 대한 기쁨을 잃지 않는 사람들이 있는가 하면, 어릴 때부터 대단한 성공을 거두고 사람들의 찬사 속에 살아왔음에도 불구하고 불행하고 우울한 사람들도 존재한다.

관계 가운데 가장 중요한 관계는 자기 자신과 맺는 관계다. 자기 자신과 원만한 관계를 맺고 자기를 긍정적으로 받아들일 수 있어야 세상과 다른 사람을 받아들일 힘을 갖는다. 여기에 올바른 지혜와 따스한 관심으로 지지해 주는 어른을 곁에 둔 아이라면 인생과 자신을 더 긍정적으로 받아들일 확률이 높다.

엄마의 속사정

'자존감 있는 사람으로 성장했으면……'

우리 아이가 어디에서나 당당하고 솔직하게 자기를 표현하고 주눅 들지 않는 사람으로 성장했으면 좋겠어요. 회사에서나 친구들 사이에서나 가슴 쭉 펴고 기죽지 않는 사람들을 보면 참 부러워요. 자존감 높은 사람들은 어려움에 처해도 금방 회복하고 늘 긍정적으로 생각할 테니 얼마나 인생이 안락하고 즐거울까요?

다른 사람보다 가진 것도 없고 능력이 못 미치는 것 같아 자신을 탓하며 사는 삶이 얼마나 고단한지는 누구보다 제가 잘 알죠. 그래서 아이가 어릴 때부터 늘 이렇게 얘기해 줬어요.

"고개 들고 어깨 펴라. 그렇지, 그래야 당당해 보이지."

"더 노력해 봐. 사람들한테 멋져 보이려면 우선 공부가 뒷받침 돼야지."

친구들한테 부러움도 받고 기죽지 말라고 외모나 소지품, 성적 관리에도 신경을 많이 써 줬고요. 그런데 어떻게 된 일일까요? 어릴 때에는 어느 정도 자신감도 있고 밝았던 아이가 사춘기가 되면서 점점 위축되고 어두워지는 것 같아요.

"내가 별 수 있겠어?"

"난 안 되는 앤가 봐."

"나한테 더 이상 기대하지 마."

아이가 이런 말을 할 때면 내 인생도 함께 바닥으로 굴러 떨어지는 것만 같아서 답답하고 가슴이 무거워요. 자신 있게 살라고 얼마나 열심히 뒷바라지를 했는데 도대체 뭐가 부족해서 저렇게 되는 걸까요? 성적도 중간은 가고 남들 하는 거 다해 주는데요.

'엄마, 나는 자신감이 없어.'

공부를 못하면 사람들이 무시한다. 지방대 나오면 아무도 그 사람 말에 귀 기울이지 않는다. 명문대에 입학해야 한다. 키 작으면 친구 하기 싫어하니까 밥 많이 먹어라. 돈 없으면 은근히 무시당한다. 돈 많이 버는 직업을 택해라. 평범한 사람을 누가 우러러 보겠냐? 남이 우러러 보는 사람이 돼라. 그렇게 꾸부정하게 있으면 바보처럼 보인 다. 어깨 펴고 당당하게 서 있어라.

그런 말을 하면 내가 더 열심히 공부하고 더 씩씩하게 자랄 것 같 지? 엄마가 하는 이 말들이 어떻게 들리는 줄 알아? 엄마 말처럼 '공 부 열심히 해서 친구들한테 존중받는 사람이 돼야겠다!'는 생각이 들기 보다는 '나는 공부를 못해서 영원히 사람들한테 무시당하면서 살겠구나' 하는 생각이 들어. 그런 생각이 들면 내 앞에 펼쳐진 삶이 너무 두려워. 엄마가 가끔 그렇게 공부 못할 거면 살아서 뭐하니? 공 부 못해서 무시 받고 사느니 차라리 죽는 게 나아, 라고 말하면 이런 생각이 들어.

'이러다 성적이 오르지 않으면 죽을 수도 있겠구나. 죽는 게 현실 이 될 수도 있구나.'

키 작으면 친구들이 싫어한다. 그러니 밥을 많이 먹어라. 이 말이 어떻게 들리는 줄 알아? 내 키가 인간관계에 가장 큰 장애물이 되겠 구나. 결국 키가 크지 않는 한 나는 당당할 수 없구나, 키 작은 게 무엇으로도 메울 수 없는 결점이 되겠구나, 나는 영원히 루저로 살아가겠구나, 도박이라도 해서 키 작은 걸 보완할 만큼 돈을 벌지 못하면 내게 사는 의미가 없겠구나, 그런 생각이 든다고.

특히 돈 없으면 무시당한다는 말 때문에 고민이 많아. 평범한 직장인이 되면 뽀대나게 돈을 쓰는 사람이 되기 어려우니 뭘 해서 돈을 벌까? 장사를 할까? 장사도 많이 망하던데……. 사람들이 장사한다고 무시하지는 않을까? 폼 나게 돈 쓰고 다녀야 사람들이 부러워하고 받들어 준다면 돈을 벌기는 해야 할 텐데 뭘 해서 벌어야 할까? 친구들 중에 게임으로 돈 버는 애들이 있다는데 그 애들한테 물어봐야 할까? 정말 돈이라면 영혼이라도 팔고 싶어진다고.

문제는 자신감이 아니라 자존감

자신감 있는 아이로 키우는 법을 알려주는 책이 넘쳐난다. 그런 책들은 이렇게 말한다.

"문제는 자신감이야!"

또한 이들은 말한다. 불가능은 없다고. 노력하면 안 될 것이 없다고. 이들의 말처럼 정말 불가능이 없을까? 이런 질문에 대한 정답은 없다. 불가능이 있다는 쪽도 불가능이 없다는 쪽도 자신의 주장에 똑떨어지는 증거를 대지 못한다.

그러나 분명 한계는 존재한다. 오랜 인종 차별의 역사를 가진 나라 미국에서 흑인 오바마가 대통령이 된 것은 분명 불가능을 뛰어넘은 사건이었다. 그러나 오바마가 대통령이 된 후에 맞닥뜨린 엄청난 한계와 장벽을 두고 불가능은 없다고 말할 수는 없다.

케네디가 보수파를 이기고 최연소 대통령에 당선된 것은 불가능을 가능하게 만든 사건이라고 볼 수 있다. 그러나 그가 만난 숱한 불가능의 결정판은 그의 죽음이다.

자신감이란 불가능은 없다는, 노력하면 뭐든지 할 수 있다는 신념에서 나온다지만 모든 일에는 분명한 한계가 있다. 가능한 일도 있지만 불가능한 일도 있다는 사실을 모르면 성공할 때에만 자신감이 넘친다. 뭐든 이룰 수 있다는 신념으로 자신감이 하늘을 찌르는 사람은 이루지 못하는 순간이 오면 자신감이 바닥을 뚫고 지구 반대편으로 튀어나간다. 서울대에 합격하지 못해 좌절에 빠진 사람이 재수 끝에 서울대에 합격해서 자신감을 되찾아올 수 있을지 모르지만, 합격할 때에만 들락날락거리는 자신감은 우리 삶에 아무런 보탬이 안 된다. 자신감이란 합격했을 때에만, 성공했을 때에만 우리에게 찾아왔다가, 실패하고 좌절했을 때 흔적도 없이 사라진다. 서울대에 떨어질 때 함께 떨어진 자신감은 인생의 시련이 올 때마다 부침을 계속한다.

흔히 성공 경험을 통해 자신감을 획득한다고 말하지만 성공했을 때에만 획득되는 자신감은 다음 번 실패 때 간곳없이 사라진다. 우리에게 중요한 인생의 당당함은 서울대에 합격할 때에만 찾아왔다가 사라지는 것이 아니라 서울대에 떨어져도 그 사실을 받아들이고 다시 당당히 일어설 때 찾아온다.

명문대에 합격하지 않아도 자신을 존중하고 다시 일어설 수 있는 힘, 공부를 잘하지 못해도 주눅 들지 않고 당당하고 친절하게 세상을 살아갈 수 있는 명랑성, 좋은 직장에 다니지 않아도 하루하루를 행복하고 의미 있게 살아갈 수 있는 낙천성, 연봉이 높지 않아도 성실하게 일하면서 돈을 모아 작은 꿈을 이루어 나가는 소박함, 친구는 프리마돈나가 됐고 자신은 백댄서로 일하지만 친구 앞에서 열등감 느끼지 않고 세상을 살아갈 수 있는 당당함, 돈이 없더라도 현실을 받아들이고 사랑하며 그럼에도 세상은 충분히 살 만한 가치가 있다고 생각하는 겸허함, 이 모든 것을 '자존감'이라고 부른다.

반면에 부모가 명문대 못 가면 널 우습게 볼 거다, 돈이 없으면 허접하게 대하는 세상이다, 직장이 안 좋으면 결혼도 못 한다, 친구끼리 비슷하게 잘나가지 않으면 우정이 깨진다, 남들보다 못 사는 삶이 무슨 의미가 있느냐, 라고 가르치면 아이가 성장해서 인생이 뜻대로 안 풀릴 때 한강 주변을 배회하게 될 수도 있다.

자존감이 없으면 비록 잘나가는 유형의 인간이 돼도 걱정이다. 살아봐서 알겠지만 잘나간다는 개념이 평생 유지되지 않는 세상이기 때문이다. 재벌들의 부침도 심심치 않게 뉴스에 나는 세상인데, 평범한 서민들의 인생은 오죽 오르락내리락 하겠는가. 그런 세상에서 아이가 언제든 불행과 좌절을 딛고 다시 일어서는 회복력을 갖게 하려면 '돈 없고 직장 없고 시험에 불합격하면 인간 이하의 삶이 기다린다' 따위의 교훈을 줘서는 안 된다. 열심히 살라는 의미로 한 말이 비수가 돼서 아이를 불행하게 만든다.

유명 걸그룹의 멤버가 인터넷에 이런 하소연을 했다. 그룹에서 가장 유명하고 광고도 많이 찍고 드라마도 많이 찍는 멤버가 안하무인으로 구는 바람에 힘들다고.

자, 이 멤버는 어떻게 해야 할까? 그 멤버보다 더 예쁘게 성형하고 노래와 춤 실력을 갈고닦아서 그룹 내 일인자가 되면 이 고민이 사라질까? 아니면 그만 그룹을 때려 치우고 마음 편하게 사는 것이 상책일까?

우선 자신의 마음을 솔직하게 들여다보고 물어야 한다. 그 멤버보다 잘나가고 싶었는데 그러지 못해서 질투와 울분이 일어난 것은 아닌지, 그래서 그 멤버가 하는 모든 행동이 못돼 먹었다고 생각하는 것은 아닌지, 잘난 척 하는 게 꼴사납다고 생각되는 그 멤버에게 나는 어떻게 대응하고 있는지, 그 멤버의 삶이 과연 온통 좋기만 한 것인지. 이런 질문에 스스로 진지하게 대답하다 보면 지금과는 다른 결론에 이를지도 모른다. 인기는 덜하지만 친구들과 카톡이라도 할 수 있고, 책이라도 한 줄 읽을 수 있는 내 삶이 더 살 만하다는 사실을 깨달을 수도 있고, 그 멤버 덕분에 주위 사람에게서 내가 더 예의 바른 사람으로 인정받고 있다는 사실을 알게 될지도 모른다. 대중의 인기와 사랑은 덜 받고 있지만 내가 훨씬 더 괜찮은 사람이라는 자부심을 갖게 될 수도 있다. 이 방법은 그 멤버보다 더 예쁘게 성형하고 춤과 노래 실력을 키워서 이기려는 방법보다 빠르고 쉽다. 효과가 확실하고 부작용도 없다.

그럼 춤과 노래 실력을 갈고닦지 말라는 말이냐고 묻는다면 둘 다 하라고 말하고 싶다. 그러나 자존감부터 키우지 않는다면 속절없는 인기의 부침에 내 소중한 행복을 송두리째 내맡기는 운명을 맞게 된다.

자존감 있는 사람은 안다. 어떤 상황에서도 나는 가치 있고 아름다운 사람임을. 그래서 그들은 편안한 마음으로 그 자리에 머물 수도 있고 행복한 마음으로 더 노력하며 앞으로 나아갈 수도 있다. 이대로의 자신을 결코 용납할 수 없어서 노력하는 것과는 다르다.

자존감 높은 아이들은 상황이 잘 돌아갈 때에도, 나락으로 미끄러질 때에도 자기 자신을 신뢰하고 다른 사람에 대한 예의를 지킨다. 잘 나간다고 건방 떨며 다른 사람을 무시하지도 않지만 쉽게 주눅 들고 남의 눈치를 살피는 일도 없다. 어째서 그럴까? 그런 아이들에게는 자기 마음의 주인으로 살아가는 힘이 있기 때문이다. 자기 인생의 주인공으로 살기 때문이다. 자기감정과 생각에 확신이 있기 때문이다.

아이들은 모두 부모의 사랑을 갈구하는 존재다. 이제껏 보살펴 준 우리의 사랑에 기껏 방문이나 쾅 닫는 행동으로 보답하는 사춘기 아이들이라도 다르지 않다. 내 마음의 주인으로 살면 부모의 사랑은 받기 힘들 것이라고 믿게 해서는 자존감 강한 아이로 성장할 수 없다. 평생 세상 사람들의 눈치나 보는 조연으로 살아가야 할지 모른다. 명품 신발 사 준다고, 자랑스러운 스펙을 갖춰 준다고 아이들의 자존감이 높아지지는 않는다. '내가 내 마음의 주인이고 내 인생의 주인공은 나'라는 아이들의 목소리를 받아들여 줄 때에야 가능하다.

아이들이 그런 고상한 주장을 한다면야 당연히 받아들인다고?

'싫어, 안 해, 몰라, 그만해.' 이런 말들이 바로 그 고상한 주장이다.

엄마,
내 마음을
읽어줘

4장

갈등은
사춘기 아이와
올바른 관계를 만드는
출발점

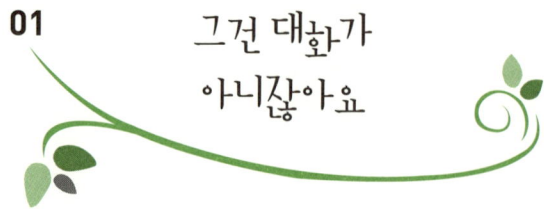

01 그건 대화가
아니잖아요

엄마들은 아이를 사랑하고 정서적으로 교감을 나누고 싶어 하기 때문에 아이들의 일상이 늘 궁금하다. 대화가 부족한 가정에서 문제 청소년이 나온다는 말도 많이 들어온 터라 가능한 한 아이들에게 살 갑게 말을 걸고 많은 질문을 한다.

이런 엄마의 마음에 제대로 화답해 주면 오죽이나 화기애애하련 만 그렇게 사려 깊은 사춘기 아이는 흔치 않다. 시큰둥한 표정으로 '몰라', '아니', '그냥' 같은 무성의한 단답형 대답으로 끝내거나, 더 심 한 경우는 '엄마가 알아서 뭐하게', '그런 걸 왜 물어' 처럼 얄미운 반 응도 심심찮다.

엄마라고 이런 반응이 마음 편할 리 없다. 아이한테 거부당한 서운함과 아이의 무례함에 울컥할지도 모른다.

'관심조차 부담스럽단 말이야? 그럼 엄마는 네게 도대체 뭐니?'

야단친 것도 아니고 나름 따뜻한 관심을 보여 준 것뿐인데 왜 아이들은 이렇게 반응하는 것일까? 엄마에게서 거리를 두려는 사춘기 특징을 고려한다고 해도 꼭 이렇게까지 말하기를 싫어하고 귀찮은 티를 내야 하는 것일까?

한 가지 상상을 해 보자.

"오늘 회사에서 어땠니? 점심은 누구랑 뭘 먹었어? 끝내기로 한 보고서는 제대로 한 거니? 요즘 과장님은 잘해 주시고?"

만약 회사에서 파김치가 돼서 퇴근한 내게 시어머니가 이런 폭풍 질문을 퍼붓는다면 어떨까? 여기에 상냥하게 응대하지 않아서 서운하고 속상하다는 내색까지 하신다면?

아이들의 바깥 생활도 만만치가 않다. 집에 왔을 때에는 대체로 지쳐 있다. 아이들 특유의 싱싱함을 피곤하지 않은 것으로 오해하면 곤란하다. 게다가 엄마의 한 가지 질문에 세세하게 대답했다간 신이 난 엄마가 눈치 없이 세 가지 질문을 덧붙일지도 모르는 일이다. 아이들 입장에서는 일찌감치 '질문은 사양, 대화도 노 땡큐' 버전을 고수하는 편이 나을 것이다.

아이와 교감을 나누는 대화의 시간이 반드시 말을 주고받아야 하는 것은 아니다. 침묵과 미소도 훌륭한 대화다.

아이가 지나칠 정도로 엄마를 회피한다면 그간 자신이 아이에게 보낸 메시지를 한 번 살펴 볼 필요도 있다. 사춘기에 접어든 아이들은 엄마가 속물적인 사람은 아닌지, 앞뒤가 틀린 말은 하지 않는지 예민하게 포착하려 안테나를 바싹 세운 상태다. 지금은 부모가 자신의 가치관과 인생을 재조명해 보고, 일방적인 설교를 대화라고 하지는 않았는지 되돌아 볼 시간이다.

'당최 말을 안 해 답답해요.'

아이가 학교에서 돌아왔을 때 환한 얼굴이면 다행인데, 표정이 어둡고 지쳐 보이면 엄마로서 걱정이 되죠. 요즘 학교 환경이 얼마나 살벌한가요? 우리 아이가 문제아는 아니라고 믿고 있지만 아이 주변에서 어떤 일이 일어날지 모르는 일이잖아요. 아이에 대해 잘 알고 있어야 무슨 일이 일어났을 때 도와줄 수 있지 않겠어요? 가끔 신문 기사에 나는 일들을 보면 부모가 조금만 더 관심을 갖고 아이를 보살폈더라면 일어나지 않았을 일들이 많잖아요.

초등학교 때까지 우리 아이는 엄마 말을 귀담아 들을 줄 아는 아이였어요. 그런데 요즘은 당최 말을 안 해요. 무슨 일이 있냐고 물어도 '아무 일도 아니다', '괜찮다'고만 하는데 얼굴은 화창하지 않아요. 걱정스런 마음에 조금만 자세히 물으면 귀찮은 티가 역력하죠. 학교 선생님도 특별한 문제는 없다고 하시지만 아이에 대해 궁금한 것도 많고 더 다정하게 대화도 나누고 싶은데 엄마를 밀쳐내는 것만 같아

서운합니다. 엄마가 식모도 아니고, 밥만 해 주고 뒷바라지만 하는 사람인가요?

꽉 닫힌 아이 입을 부드럽게 풀리게 할 수는 없을까요?

'알고 보니 엄마가 다 틀렸더라?'

엄마, 왜 내가 엄마 말이라면 덮어놓고 무시하고 못 들은 척하는 줄 알아? 중학교에 와서 보니 엄마가 한 말이 다 틀렸다는 걸 알게 됐기 때문이야.

공부 못하면 다른 애들이 싫어해서 왕따 당한다고 했지? 그 말 듣고 내가 얼마나 걱정했는지 알아? 근데 중학교에 와 보니까 공부 잘하는 애보다 공부 못하는 애가 더 인기 많더라. 초등학교 때에만 해도 이 정도는 아니었는데, 중학생이 되어 보니 아이들 사이에 인기 있고 없고는 공부랑은 전혀 상관이 없더라고.

그것 말고도 엄마가 했던 말 중에 사실과 다른 말이 엄청 많아. 이제 엄마가 하는 말 중에 '과연 그럴까?' 하고 갸우뚱하게 되는 말은 안 믿을래. 엄마가 하는 말은 골라서 들어야 한다는 걸 뼈저리게 느꼈어.

엄마가 하는 말 중에는 근거가 없는 말, 엄마가 잘못 알고 있는 말, 앞뒤가 다른 말이 너무 많아. 나를 겁먹게 하려고 사실과 다른 말을 한다는 걸 깨닫고부터는 엄마 말은 일단 필터에 걸러야겠다고 생각했어. 솔직히 말하면 엄마가 하는 말 중에 새겨들어야 할 말은 백 개 중에 하나나 둘 정도뿐이야.

'컴퓨터 게임하면 게임 중독 된다.'

'학원 빠지면 불성실한 사람이다.'

'거짓말 하면 안 된다. 그러므로 학원은 절대로 빠지면 안 된다.'

'남을 흉보거나 욕하면 안 된다.'

'아빠가 널 야단치고 때린 것은 널 사랑하기 때문이다.'

'엄마는 널 믿는다. 그러니 열심히 공부해라.'

'이게 다 너 행복하게 살라고 그러는 거다.'

'결과는 중요하지 않다. 최선을 다해 공부하는 것이 중요하다.'

엄마가 늘 하는 이런 말들이 모두 모순덩어리 거짓말이라는 걸 이제야 알았어. 이제껏 이 말을 믿다니 내가 바보지. 어렸을 땐 잘 몰라서 그랬지만 이젠 안 속아.

친구들도 마찬가지래. 친구들이랑 엄마들이 하는 말 중에 거짓말이 얼마나 되는지 토론한 적이 있는데, 대부분의 말이 다 틀렸다는 결론을 내렸어.

엄마, 제발 제대로 된 정보를 주세요. 엄마가 하는 말 때문에 더 혼란스럽고 헷갈려. 그뿐만이 아니야. 엄마는 아침에 한 말하고 저녁에 하는 말이 달라. 행복은 성적순이 아니라고 했다가, 공부가 인생을 좌우한다고 하고. 엄마가 얼마나 똑똑한 사람인지 매일 주입시킬 때는 언제고, 나처럼 살지 말라고 하고. 엄마는 매일 드라마 보면서, 우리가 예능 프로그램 보려고 하면 쓰레기 같은 프로그램이라고 하고. 언제는 나더러 다 알아서 하라고 했다가 다음 날 엄마 하라는 대로 안 하면 막 화내고. 엄마 말은 도대체 어디에 박자를 맞춰야 할지 종잡을 수가 없어.

소통은 소리치면 통하는 것?

다음은 소통, 대화, 공감의 뜻을 우스갯소리로 풀이한 것이다.

- 소통 : 소리치면 통한다.
- 대화 : 대놓고 화낸다.
- 공감 : 공공연히 감정을 건드린다.

이 말뜻을 사춘기 아이들에게 보여주면 대다수가 고개를 끄덕인다. 부모들이 꼭 이렇게 한다는 것이다. 소통하자고 해 놓고 소리치고, 대화하자고 해 놓고 화내고, 공감해 준다더니 감정을 건드리는 말을 한다고 한다.

사춘기 아이들에게 누구와 가장 갈등을 많이 겪는지 물어보면 의외로 부모라고 대답하는 경우가 많다. 학교 끝나고 학원에 다녀오거나 야자하고 집에 오면 집에서 부모와 만나는 시간이 그리 많지도 않은데 그 짧은 시간에 어찌나 압축적으로 싸우는지 놀라울 뿐이다. 학교에 와서는 부모와의 갈등과 그로 인해 부모에게서 받는 미움과 괴로움을 친구들에게 하소연하느라 쉬는 시간이 모자랄 지경이다. 아이들의 하소연은 다음과 같다.

대화하자 해 놓고 엄마의 생각을 내리꽂고, 협의하자 해 놓고 일방적으로 설득하려 하고, 부모 말에 동의하도록 강요하고, 그래도 주장을 굽히지 않으면 고집불통이라면서 화내고, 그래도 안 되면 항복할 때까지 너 때문에 아프다고 밥도 안 해 주고 드러눕는다고 한다. 먹구름 낀 분위기에 밥을 못 얻어먹는 다른 가족들이 아이를 째려보면서 뜻을 굽힐 것을 종용하는 것은 예견된 수순이다.

자녀와 대화가 안 되는 이유는 한 가지다. 부모가 자녀에게 '원하는 상'이 있기 때문이다.

"엄마, 오늘 청소 시간에 친구랑 빗자루로 장난치다가……"
"청소 시간에 청소를 해야지 장난은 왜 치니? 그래서 선생님한테 찍혔겠구나?"

"엄마 우리 반에 어떤 애가 담배 피우다가 걸려서……"
"뭐? 담배? 애들이 정신이 있는 거야, 없는 거야? 지금이 어떤 시기인데 담배를 피워? 넌 그런 애들 옆에 얼씬도 하지 마라. 알았지? 그런 애들이랑 어울리다 걸리면 죽는다. 알았어? 몰랐어?"

"엄마 오늘 수업 시간에 졸려서 잠깐 졸았는데……"
"꼴좋다. 내가 어제 게임 그만하고 자라고 했지? 넌 왜 그렇게 말을 안 듣니? 너 이제부터 게임 금지야. 학생이 수업 시간에 잔다는 게 말이 돼?"

"엄마, 오늘 숙제해 놓은 걸 깜빡 잊고 안 가지고 갔는데……"
"뭐? 숙제를 안 가지고 가? 너는 전쟁터에 무기도 없이 나가니? 빼 먹을 게 따로 있지. 나중엔 네 이름도 까먹겠구나."

부모들은 자녀 앞에서 이런 말을 한 적이 없다고 잡아뗀다. 아이의 증언과 부모의 말투를 종합해 보면 그런 방식의 의사소통을 구사하고 있다는 결론이 나온다.

예를 들어보자.

어떤 모임에 갔는데 별 생각 없이 이런 말을 했다고 가정해 보자. 성당 모임일 수도 있고 아이 학교 학부모 모임일 수도 있다.

"오늘 아침에 늦잠을 자서 남편 밥도 못 차려 줬어요. 어제 케이블 방송에서 못 챙겨본 드라마가 연속 방송을 하길래 새벽까지 보다가 깜빡 못 일어났지 뭐예요? 그 드라마 정말 재미있더라고요."

이 말에 어떤 엄마가 이렇게 말했다면 당신 기분은 어떻겠는가?

"주부가 출근하는 사람 아침을 못 차려주고 늦잠을 자다니 제정신이에요? 주부의 기본이 안 되어 있네요."

아마 그 자리에서 언쟁이 오가거나, 다시는 안 보려고 하거나, 만일 어쩔 수 없이 봐야 하는 처지라면 그 사람 앞에서 가급적 말을 아끼려고 할 것이다.

마찬가지다. 아이도 이런 반응에 기분 나빠 하고 더 이상 말을 섞으려 하지 않는다. 그게 다 '너 잘되라고' 하는 말이라도 말이다.

아이와 대화를 하고 싶다면 아이를 가르치려 하고, 아이의 말을 끊고, 아이가 하는 말에 묻지도 않은 평가를 하면서 아이를 쫓아내지 말아야 한다. 아이가 말을 할 시간과 여지를 줘야 대화가 성립된다.

부모에게서 무슨 일이 있어도 학교는 졸업해야 한다는 말을 한 번도 못 들은 아이가 있다고 치자. 이 아이는 학교를 졸업해야 한다는 개념이 있을까? 없을까?

부모에게서 게임을 많이 하면 안 된다는 말을 한 번도 들어보지 않은 아이가 있다고 해 보자. 이 아이의 뇌 속에 게임을 오래하면 안 된다는 생각이 있을까? 없을까?

그럼 학교에서는 선생님 말씀을 잘 들어야 한다는 말을 한 번도 듣지 못한 아이는? 이 아이 머릿속에는 선생님 말은 개무시해도 된다는 생각으로 가득 차 있을까?

아이들은 이런 얘기를 부모가 말하지 않아도 다 알고 있다. 학교에서, 친구들을 통해, 선생님에게서, 드라마를 통해, 신변잡기 쓰듯 시시껄렁한 잡담을 쏟아내는 연애 프로그램을 통해서도 다 알 수 있는 얘기다.

만일 아이에게 이런 종류의 말을 하려거든 차라리 입술을 깨무는 편이 낫다. 아이를 변화시키는 데 아무 도움이 안 될 뿐더러, 오히려 아이와 멀어지게 하는 말이기 때문이다. 이런 말들은 아이로 하여금 '우리 엄마, 아빠와는 한 자리에 있는 걸 피해야 해'라는 사고로 무장 시켜 준다.

좋은 얘기 들어 주는 것은 누구나 할 수 있다. 아이가 국제 수학 올림피아드에 나가서 어떻게 상대를 이기고 단합해서 금메달을 따고 귀국했는지를 들어주는 것은 나쁜 부모도 할 수 있다. 그러나 우리는 좋은 부모가 아닌가. 아이가 어긋나는 얘기를 하고, 똑바르지 않은 말을 하더라도 들어 주는 것. 귀 기울여 들어 주고 진심을 나누면서 아이를 잘 자라도록 하는 것. 그게 좋은 부모가 할 일이다.

가장 강력하게 컴플레인하는 고객의 말 속에 새로운 사업의 구상이 들어있다는 말이 있다. 아이가 하는 말도 마찬가지다. 아이의 말 속에 아이의 철학과 미래와 욕망이 들어있다. 아이의 말 속에 아이가 두려워하는 것이 무엇인지, 아이가 신나 하는 것이 무엇인지, 아이가 어떤 상황을 못 견뎌 하는지 등에 관한 모든 정보가 들어있다. 아이의 말이 곧 아이를 이해할 수 있는 강력한 망원경이자 현미경이다. 아이의 말을 끊지 말고 오래 듣자. 나에게 욕을 하는 게 아닌 이상 들어보자. 만일 부모에게 욕을 섞어서 말한다면 '욕은 빼고 말하라'고 하면 된다. 그게 대화다.

좋은 부모란 아이를 자신의 입맛대로 키운 부모가 아니라 아이가 엇나가도 언제나 존중해 주는 부모를 말한다.

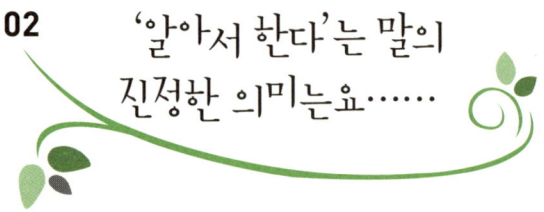

02 '알아서 한다'는 말의 진정한 의미는요……

엄마들이 제일 속 터진다고 가슴을 두드리는 아이들의 말이 '내가 알아서 할게'이다. '이제 그만 방 좀 치우라'는 말에도, '그만 놀고 공부해야지?'라는 말에도, '오늘은 목욕 좀 해야겠다. 벌써 열흘이 넘었어'라는 말에도 아이들은 엄마랑 눈도 맞추지 않고 '내가 알아서 할게'라는 한마디만 뱉어 놓고 달아나기 일쑤다. 한두 번 속은 것이 아닌 엄마들은 이제 이 말만 들으면 더 울화가 치밀어 목소리가 높아진다.

"알아서 한다고 해 놓고 언제 지킨 적 있어? 지금 당장 해!"

이후 벌어지는 일은 집집마다 조금씩 다르겠지만 '해피 엔딩'이 아니라는 점만은 마찬가지일 것이다.

엄마들은 궁금하다. 알아서 하겠다는 아이들의 말은 도대체 무슨 의미일까? 미룰 수 있는 데까지 미루다가 결국 마음이 내키면 하고 아니면 말겠다는 뜻일까? 문제점을 고치라는 말이 듣기 싫어 피하는 말일 뿐인 걸까?

우선 이 말을 시간적인 의미로 받아들이면 곤란하다. 그러면 아이들과 싸울 일밖에는 남지 않는다.

"알아서 한다며?"
"알아서 할 거야."
"언제?"
"아 놔. 알아서 한다니까?"
"글쎄, 언제?"
"아 참, 알아서 한다고~오!"

'알아서 한다'는 말은 '더 이상 엄마의 참견을 허용하고 싶지 않은 자신의 영역임을 선언하는 의미'로 받아들여야 아이의 의사를 제대로 이해하는 것이다. 책임과 함께 결정권을 아이에게 돌려줘야 한다.

아이도 엄마의 관심과 사랑을 야멸차게 거절하는 것이 차마 미안해서, 또는 그런 어마어마한 선언이 결코 받아들여질 것 같지 않아서 자꾸 '알아서 할게' 하고 돌려 말하는지도 모른다. 아이들도 엄마가 생각하는 이상으로 엄마가 상처받는 것을 두려워한다면 엄마들에게는 좀 위로가 될까?

'알아서 한다더니 방은 난장판이에요.'

아이와 매일같이 전쟁을 치르고 있어요. 자기도 다 컸다고 간섭하지 말라면서 정작 자기 방 청소조차 제대로 하지 않으니까요. 바쁜 엄마를 도와서 집안을 치우라는 말이 아니에요. 그저 자기 방은 자기가 치우란 말이죠. 이건 사람 사는 방이라고 하기 힘들 때가 많아요. 뭐라고 하면 자기가 다 알아서 한다며 금방 치울 듯이 말해 놓고 한참 뒤에 가 보면 그대로인 거예요. 치운다고 해 놓고 왜 그대로냐고 하면 표정이 돌변해서 '내 방은 내가 알아서 한다'며 짜증을 팍팍 부리죠.

한국 엄마들이 자식 할 일까지 대신 해 줘서 애들을 의존적으로 만든다고들 하지만 그것도 들어먹어야 교육을 할 게 아닙니까? 대신 치워 주자니 자립심 부족한 사람이 될까봐 두렵고, 스스로 치울 때까지 기다리자니 속이 터집니다.

자기를 못 믿고 사사건건 간섭하는 게 싫다고 하지만 '알아서 하는 사람' 대접을 받고 잔소리를 안 들으려면 자기 말에 책임지는 모습을 보여야 하는 것 아닌가요? 자기 관리가 저렇게 허술한 애가 이담에 사회에 나가서 뭘 제대로 해내겠어요? 그러면서 엄마 말은 하나도 들으려고 하질 않으니 무슨 발전이 있겠어요? 엄마 말이 조금만 길어져도 있는 대로 성질을 부리고 엄마 때문에 못살겠다는 둥 못된 소리만 해요.

사람들은 내가 아이를 위해 이렇게 지치도록 애쓴 건 몰라주고 가정교육도 제대로 못 시켰다고 욕할 거예요.

'내가 원할 때, 내 리듬에 맞춰 하고 싶어요.'

미안해, 엄마. 내가 '알아서 할게'라고 하는 건 잠시 후 엄마가 원하는 방향으로 하겠다는 약속이 아니야. 그렇다고 엄마 생각처럼 무조건 이 상황만 피하려고 하는 말도 아니야. 조금만 있다가 바로 엄마가 원하는 청소나 공부를 시작하겠다는 말도 아니지만, 이 상황만 모면하고 싶다는 단순한 게으름과도 다른 뜻이라고.

이 말의 진정한 뜻은 '이제부터 내 일은 내 결정에 따라 하겠다'는 거야. 공부든 청소든 목욕이든 그런 것들은 이제부터 '내 소관'이란 뜻이라고. 내가 원할 때, 내 리듬에 맞춰 하고 싶으니 엄마가 일방적으로 '지금은 청소할 시간, 지금은 공부해야 할 때, 지금은 그만 게임을 멈춰야 할 때'라고 내 시간을 마음대로 정하지 말아 달라는 뜻이에요.

그러니까 '알아서 한다고 해 놓고 왜 안 하냐'고 야단을 치면 난 나대로 억울한 마음만 들고 반발심만 생겨. 내가 알아서 한다는 건 더 이상 그런 간섭을 받을 필요가 없을 만큼 나도 자랐으니 그걸 인정해 달라는 뜻이니까.

나도 알아요. 결정권을 달라고 하기에는 내가 얼마나 모자란 아이인지. 믿고 맡기기에는 엄마 눈에 내가 얼마나 한심한지. 나도 스스로에게 실망스러울 때가 정말 많으니까. 하루에도 마음이 몇 번씩 변하고, 잠은 쏟아지고, 남의 말에 쉽게 동요하고, 몸은 내 마음대로 움직여 주지 않으니까.

"알아서 한다더니 여태 그러고 있어?"

"그게 알아서 하는 거냐?"

엄마가 이렇게 말하면 내 실망감은 더 부풀어올라 폭탄의 뇌관을 건드리게 돼. 나도 모르게 방문을 쾅 닫고 눈에 쌍심지를 켜게 한다고. 모자라고 어설퍼도 이제 결정권은 내가 갖고 싶어. 하루아침에 책임감 강한 사람이 될 수는 없잖아.

때로는 말 그대로 조금만 있다가 알아서 해야지 하는 마음에서 그 말을 쓸 때도 있어. 하지만 엄마는 기다려 주지 않아.

"네가 그렇지. 알아서 하는 게 그런 거지?"

이런 말을 들으면 맥이 쑥 빠지고 하고 싶은 의욕이 뚝 떨어져. 갑자기 그 일이 내 일이 아니라 엄마 때문에 억지로 해야 하는 일처럼 느껴지니까. 내가 잘못해 놓고 엄마 탓만 한다고 하겠지만, 나를 비난하는 대신 내 마음을 알아 주는 말을 해 주면 안 될까?

"사람이 결심한 걸 지키기는 쉽지 않지?"

"아직 많이 피곤하구나."

이렇게 내 마음을 알아 주고 위로할 수는 없어? 엄마한테 방 청소는 아주 중요한 일인지 몰라도 내게는 어질러진 방이 거기서 거긴데 내가 원할 때 치우면 안 되는 거야?

이제 결정권도 책임도 아이에게 돌려줄 때

해야 할 일을 안 하고 모든 것을 엄마에게 미루는 아이에게 책임을 지도록 가르치기는 정말 어렵다. 무엇보다 아무것도 책임지려 하지 않는 아이를 보고만 있어도 숨이 막혀올 것이다. 그렇더라도 아이가 스스로 해야 할 일을 부모가 과하게 개입하거나 '앓느니 죽겠다'는 심정으로 달려들어 대신 처리해 주는 일은 참아야 한다. 당장은 부모가 대신 해 주는 것이 편할지 모르지만, 그렇다고 매번 아이가 해야 할 일을 엄마가 결정하고 판단하고 책임져 주다 보면 아이는 '책임'이라는 것을 져 볼 기회를 얻지 못한다. 엄마가 다 해달라고 드러눕는 아이조차 책임감을 손에 쥐여 줘야 하는데, 하물며 자기가 알아서 하겠다는 아이의 책임감을 도로 빼앗아 와서야 되겠는가.

그럼 알아서 하겠다고 하면서 뭐 하나 제대로 하는 법이 없는 아이는 어떻게 해야 하나? 그리고 어디까지 해 주고 어디부터 아이가 하도록 해야 하나?

아이가 자기 일을 제대로 못 하는 것은 시간이 필요하다는 뜻이다. 시간이 지나면 할 수 있게 돼 있다. 물론 엄마가 원하는 대로 되지는 않는다. 아이 자신이 원하는 대로 될 것이다. 아이가 스스로 책임지는 방향이 엄마가 원하는 방향이 아닐 수도 있다는 말이다. 아니 십중팔구는 엄마와 다른 방향으로 간다.

예를 들어보자. 군대에 다녀오면 철든다는 말이 있다. 친구 아들 한 명도 방을 난장판으로 만들어 살더니 공익 훈련소 생활 4주 만에 이불에 각을 세워 접어 놓기 시작했다고 한다.

"역시 군대가 좋기는 좋아."

이 말을 들은 다른 친구가 이렇게 말했다.

"내 아들은 현역 제대했는데 제대하고 한 달 만에 도루묵 됐어. 다 소용 없어."

군대에서 극한의 상황에 놓여 그것을 극복한 경험이 있는 사람들은 세상을 바라보고 대처하는 면에서 좀 더 성숙한 방식으로 임하는 것 같다. 자유의사로 입대하지 않았으니 강제적이라고 말할 수 있지만, 그 안에서 성숙한 몸과 마음을 가지고 제대하는 것을 보면 본인의 의사에 반하는 결정이라도 그 안에서 귀중한 경험을 하는 듯 보인다. 그러나 그 약발은 얼마 가지 않는다. 친구 말마따나 도루묵 되는 데 대개 한 달밖에 안 걸린다. 극한의 상황이 평온한 상황에 비해 삶의 중요한 의미를 깨닫게 하는 데 도움이 되는 것은 사실이지만 그것도 사람 나름이다. 그렇게 소중한 경험을 하게 된다면 왜 이런 말을 하겠는가?

"저 놈은 군대에 가서 죽도록 고생 좀 해 봐야 해."

이 말에는 군대가 중요한 깨달음을 준다는 메시지는 없고, 나대신 군대가 복수해 주리라는 의미만 있다. 군대에 가면 누구나 철들고 책임감 있는 어른이 되지는 않는다는 사실을 주장하는 쪽은 군대에서 철든 사람들이다. 똑같이 군대에 가도 철들지 않는 사람도 많기 때문에 모든 사람이 군대 요인으로 철이 든다고 말할 수는 없다. 결국 군대에서 철들고 안 들고는 개인 요인이 더 크다. 즉, 군대라는 극한 상황을 '내(개인)'가 어떻게 받아들이는가에 따라 그 상황을 통해 성장하느냐 아니냐가 결정된다는 뜻이다.

아이가 스스로 책임지게 하는 일도 이와 마찬가지다. 스스로 책임지게 하려고 부모가 아이를 극한의 상황에 몰아넣고, 강압과 협박으로 조종하려고 해 봐야 아무 효과도 얻을 수 없다.

이렇게 말하면 많은 부모가 이렇게 되묻는다. 부모가 잔소리를 해서라도 올바른 것을 가르쳐 주지 않으면 누가 아이에게 세상의 온갖 법칙을 알려 주겠냐고. 그러면 필자도 묻는다. 당신이 알고 있는 세상의 모든 교훈은 부모에게서 배운 것인지, 당신이 알고 있는 세상을 살아가는 태도와 성실성과 책임감을 모두 부모에게서 배웠는지. 특히나 부모가 하는 잔소리와 비난을 통해 그것들을 알게 됐는지 말이다. 아니다. 만일 당신이 부모에게서 성실성과 책임성, 근면함을 배웠다면 그것은 잔소리를 통해서가 아니라 부모가 살아가는 자세를 보고 배웠을 것이다.

아이가 숙제를 안 해 가서 선생님에게서 전화를 받은 적이 있다는 친구가 있었다. 아이에게 이유를 묻자 숙제는 자기가 알아서 하겠다는 대답이 돌아왔다고 한다. 이 친구는 아이 말의 진위가 의심 됐지만, 한 번도 아이 책가방을 열어 알림장을 들춰 보지는 않았다고 한다. 열어 보고 싶고 확인하고 싶은 마음이 굴뚝같았지만 아이를 존중하는 마음으로 참았다는 것이다.

이렇게 자란 아이는 나중에 엄마를 계속 속여먹고, 거짓말만 늘어놓는 사기꾼으로 성장할까? 아니다. 존중받으며 자란 아이가 부모를 존중하지 않을 리가 없다. 존중의 영역과 방법은 부모마다 다를 것이다. 그러나 어떤 방법으로든 아이가 부모에게서 존중받고 있다는 생각을 하게 해 줘야 한다.

그렇다면 어디까지가 부모가 해 줄 영역이고 어디부터가 아이의 책임으로 돌릴 부분일까? 정답은 없다. 매뉴얼도 없다. 이것은 부모 자신이 자신의 마음에 물어봐서 판단해야 할 몫이다.

쓰레기장 같은 방을 치워 줄지, 아니면 아이에게 책임을 지울지 마음에 물어보라. 그 마음의 향방에 따라 치워 줘도 되고 안 치워 줘도 된다. 방을 쓰레기장처럼 안 치우고 산다고 그 사람 인생이 쓰레기가 되지는 않는다. 엄마가 아이 방을 기꺼이 치워 줄 마음이 있다면 치워 주는 것이 맞다. 그러나 반대로 아이 방을 청소할 때마다 화가 나고 아이에게 잔소리를 하게 된다면 그 책임을 아이에게 넘기는 것이 옳다. 물론 이럴 경우 청소를 할지 안 할지에 대한 결정과 책임도 아이에게 넘겨야 한다.

조금 비약하자면 성인이 된 자녀에 대한 뒷바라지나 금전적 지원 역시 마찬가지다. 대학원은 물론 해외 유학을 가서 박사 학위를 따고 싶다는 아이를 기쁜 마음으로 뒷바라지 하고 싶다면 그렇게 해도 된다. 그러나 의무감 때문에 빚쟁이한테 생돈 뜯기는 심정으로 원조하는 것이라면, 그 마음이 말하는 바를 따라 아이에게 더 이상의 금전 투자는 하지 않는 것이 좋다. 이 관계는 '공부하느라 고생하는 우리 아이'와 '공부할 수 있도록 돈을 대 주시는 감사한 부모님'이 아니라, '돈 먹는 하마'와 '죽는 소리를 해야 돈 보내 주는 수전노'의 채무·채권자 관계가 된다. 나중에 이런 자녀들은 채권자로 돌변한 부모에게 빚 갚기가 싫어서 일부러 성공하지 않거나, 다른 일을 핑계로 부모와 관계를 끊어버린다.

아이가 이런저런 것을 해달라고 하는데 해 줘야 하나, 말아야 하나? 이런 고민이 된다면 스스로의 마음에 물어보는 것이 상책이다. 내 마음은 내키지 않는데 아이가 미워할까봐, 혹은 나중에 보답을 받지 못할까봐 억지로 요구를 들어 주면 아이는 고마움도 모르게 된다. 부모의 아까워하는, 짜증스러운 마음이 아이에게 그대로 전달돼서 고마움을 느끼지 못하게 하기 때문이다. 공부든, 청소든, 사업투자든 기꺼운 마음으로 할 자신이 없으면 그 결정과 책임은 자식에게 넘겨 줘야 한다.

사실 아이가 '내가 알아서 할게'라는 말을 한다는 것은 꽤 긍정적인 신호다. 실제로 행동까지 따라주지 않더라도 부모에게서 독립해서 스스로 삶을 개척해 나갈 마음이 있다는 뜻이니 말이다. 오히려 아이가 엄마에게 딱 붙어서 야금야금 모든 결정을 맡기고 (심지어 자기가 원하는 방향으로 조종하면서) 그에 따르는 책임까지 부모에게 지우는 것이 더 큰 문제다. 이들은 나중에 원하는 것을 얻기 위해서 부모의 걱정과 조바심, 죄책감과 기대를 교묘하게 활용하며 부모를 등치는, '자식이 아닌 웬수'로 자랄 확률이 상당하다.

이런 아이들에 비하면 알아서 하겠다고 큰소리치는 아이들은 오히려 대견하게 생각해야 한다.

"네가 알아서 한다며?"

"알아서 한다고."

"뭘 알아서 하는데?"

"내가 알아서 못 하는 게 뭐가 있는데?"

"네가 뭘 알아서 해? 제대로 하는 일이 아무것도 없는데."

"그래서 나한테 어쩌라고?"

"아침에 일찍 일어나고, 공부도 열심히 하고, PC방에도 가지 말고, 집에도 일찍 들어오란 말이야."

"그건 엄마 인생이고요. 저는 제 인생을 살 거예요."

"늦게 일어나고 공부도 못하고 PC방이나 다니는 게 네 인생이냐?"

"늦게 일어나도 지각한 적 없고요. 제가 아무렴 죽을 때까지 PC방에만 다니겠어요? 언젠가 그만두겠죠."

상담실에서 엄마한테 이렇게 말하지 그랬냐는 필자의 질문에 아이들은 하나 같이 이렇게 답한다.

"그 말까지 하면 맞아 죽거나 쫓겨날 거예요."

자기 말이 엄마에게 어디까지 받아들여질지 훤히 알고 제 딴에 이런 말을 삼키는 기특한 구석이 아이들에게는 있다. 반면에 부모에게 이 정도의 싸가지 없는 말까지 허용할 내공이 있다면, 사춘기 부모 노릇도 제법 재미나게 해 나갈 수 있을 것이다.

사춘기를 지나면 아이가 좋아진다는 것은 그때부터는 아이가 엄마 원하는 대로 커간다는 뜻이 아니다. 엄마의 간절한 바람에도 불구하고, 아이들이 독립을 하고 나름대로 제 인생을 살아간다는 뜻이다. 아이가 가는 길이 마음에 안 들 줄 안다. 당연히 아이의 행동이 어디하나 마음에 차지 않을 것이다. 그러나 어쩔 수 없는 일이다. 아이는 누가 뭐래도 자기 길을 간다.

다음은 좋은 가정에서 아이와 주고받는 대화의 예다. 부모 자식 간에 이런 말을 주고받을 수 있어야 행복한 가정이라고 말할 수 있고, 이런 대화의 주인공이 돼야 존경받는 부모가 된다.

"오늘은 방 치우기로 약속한 날이네?"
"……"
"오늘은 꼭 방 치울 거지?"
"……"
"대답 안 하니?"
"알았다고. 나 참."
"뭐? 나 참?"
"……"
"네, 알겠어요, 라고 대답하면 좋을 것 같은데?"
"아, 네에. 내 대답은 내가 골라요."
"……"

다른 대화를 들어보자.

"방 좀 치워라. 방이 이게 뭐니?"

"네, 제가 알아서 할게요."

"알아서 하기는 뭘 알아서 해? 얼른 치워라. 어질러진 방을 보니 머리가 어지럽구나."

"어지러우면 쳐다보지 마세요."

"뭐? 시선을 잡아끄는데 어떻게 안 쳐다보니?"

"방문을 닫으면 되겠네요."

"…… (내가 참아야지.) 그래 방문을 닫아라."

"엄마가 어지러운 거니까 방문은 엄마가 닫는 게 맞아요."

"……"

"숙제는 다 했니?"

"응? …… 으응?"

"숙제 다 했냐고?"

"으응…… 숙제가 없어."

"참 이상하다. 형 다닐 때에만 해도 그 학교가 숙제가 많았는데 왜 갑자기 숙제가 없어졌지?"

"세상은 변하는 거야."

"그런 것 같구나. 정말 숙제가 없는 거니?"

"엄마, 음…… 정말 진실을 알고 싶은 거야? 진실을 알고 나면 엄마 기분이 안 좋아질 텐데도?"

가정에서 이 정도 대화가 아무런 제재 없이 오고갈 수 있어야 존경 받는 부모가 될 수 있다.

부모와 아이가 서로 존중하고 존중받는 관계는 일방적으로 존중 하라고 주문하거나 강요한다고 해서 만들어지지 않는다. 오늘부터 결정권을 아이에게 보내자. 무엇을 하고 살아갈지, 어떻게 살아갈지 에 대한 문제뿐만 아니라 오늘 숙제를 할지, 공부를 할지, 그리고 엄 마 말에 어떤 대답을 할지에 대해서도 결정권을 아이에게 전적으로 위임하자. 그게 아이를 책임감 있는 아이로 키우고 아이와 행복하게 살아가는 비법이다.

03

외모는
나의 힘!

　왕따로 괴롭힘을 당하는 것도 아닌데 중학교 1학년 내내 급우들과 한마디도 나누지 않고 급식도 먹지 않은 여학생이 있었다. 2학년 담임을 맡은 선생님은 어떻게든 친구들과 점심이라도 먹게 해달라고 상담실로 이 아이를 보냈다. 다행히 아이는 몇 달 후에 친구와 얘기도 하고 급식도 먹게 됐는데, 흥미롭게도 아이의 마음이 열리는 속도와 외모의 변화가 거의 일치했다. 앞머리를 잘라서 눈이 보이더니, 다음에는 길게 늘인 머리를 묶어 올리고 어느 날은 상큼한 단발로 머리를 자르고 나타났는데, 얼마나 밝아 보이던지 눈이 부실 지경이었다.

　이처럼 머리 모양이나 옷차림, 화장 같은 외모는 아이의 현재 상태와 세계관을 반영하는 측면이 있기 때문에, 엄마들은 모쪼록 우리 아이가 단정하고 모범적인 차림새를 갖춰 주기를 간절히 바란다. 그러나 바로 그렇기 때문에 아이들은 자신의 외모에 대한 어른들의 관여에 그토록 격렬하게 반발하는 것이다. 지금 자기의 상태와 가치관을 부정당한다고 느끼기 때문이다.

중학교에서 일어나는 선생님과 아이들의 힘 겨루기 절반이 교복이나 머리 모양, 화장 같은 외모 꾸미기에 관한 밀고 당기기라고 해도 과언이 아니다.

앞머리가 이마 밑으로 내려와 눈을 거의 가린 바가지 머리를 고수하던 중3 남학생은 징계 위기에 처했는데도 머리 자르기를 거부했다. 상담실에 와서도 자기 얘기를 털어놓지 않고 머리는 자기의 자존심이며 자기는 집에서도 학교에서도 아무 문제없이 행복하다고만 주장했다. 사실 머리 문제만 아니면 우울지수가 높은 것 외에는 그다지 드러나는 문제점은 없었다. 그러나 부모님과의 상담을 통해 밝혀진 그 아이의 내면은 자기를 때리고 무시한 아빠에 대한 거부감으로 고통 받고 있었다. 아빠가 눈물을 흘리며 사과한 다음 날, 아이는 스스로 머리를 자르고 처음으로 환하게 웃는 얼굴로 상담실에 나타났다.

이처럼 사춘기 아이들의 외모는 심각한 내면의 모습을 대변해 줄 뿐만 아니라, 세상을 읽는 자기 시각, 흥미, 즐거움을 나타내는 개성이기도 하다. 친구들과의 관계에서 존재감을 더 드러내겠다고 결심한 아이가 과감하고 눈에 띄는 외모로 변신하기도 하고, 여자를 약한 사람 취급하는 데 반감이 든 여자아이가 머리를 짧게 치고 바지를 입고 자전거로 등교하기도 한다. 록 음악을 좋아하는 아이는 교칙의 경계를 넘나들며 최대한 로커처럼 보이려 기를 쓴다.

이런 정체성의 변화를 엄마가 유심히 살피고 이해하려는 노력은 의미 있는 접근이다. 그러나 엄마의 일방적인 기준으로 단정한 학생이 되라고 강요하거나 '외모에 집착하는 건 어리석은 일'이라고 설교하는 것은 아이들의 비웃음을 사기 알맞을 뿐이다.

아이들의 차림새를 어느 정도까지 허용할 것인가는 학교마다 교육적 입장이 다르고, 엄마 개인이 결정할 수 있는 일도 아니다. 다만 우리 아이가 자신의 개성을 드러내기에 학교의 교칙이 너무 갑갑하다고 하소연할 때 공감해 줄 필요는 있다. 교칙의 한계를 최대한 피하면서 자신의 세계관과 미적 감각을 어떻게 표출할지는 아이가 세상을 살아가는 전략을 배우는 일이기도 하다. 자기가 책임지는 태도만 보인다면 아이의 외모에 대한 부모의 대응은 웃으며 지켜보는 것으로 족하다.

'거울을 깨 버리고 싶을 지경이에요.'

아침마다 아이랑 전쟁을 해요. 아무리 10대가 외모에 신경 쓰는 시기라지만 밥도 못 먹고 잠도 모자란 아침 시간에 거울을 삼십 분이나 들여다봐야겠어요? 아주 거울을 깨 버리고 싶다니까요.

"야, 지각이야. 그만 나와. 지금 결혼하러 가냐? 그럴 시간 있으면 밥이라도 한 숟갈 더 먹지. 기운 없어서 학교에서 꾸벅꾸벅 조는 거 아냐? 아, 빨리 안 나와?"

"아 놔, 내가 다 시간 보면서 하고 있었다고. 아침부터 소리 지르고 난리야?"

구시렁거리면서 나오는 아이 교복 치마를 보면 또 울화가 치밉니다. 얼굴에는 BB크림에 립 그로스도 발랐죠. 야단을 쳐도 아무 소용이 없어요.

"이 정도는 애들 다 하고 와. 티도 안 난단 말이야. 내가 알아서 안 걸릴 정도로만 했다고. 늦는다며? 지각이라며? 학교 좀 가자 제발."

아니, 안 걸릴 정도를 지가 어떻게 안다는 건가요? 지난번에도 담임 선생님께서 전화하셨거든요. 화장이랑 복장 문제로 생활지도부실에 불려갔다고요. 저 나이 때에는 피부 그대로가 얼마나 예쁜데, 꾸미지 않아야 더 청순한데 뭐 하러 화장에 앞머리는 눈까지 내리고 옷도 불량하게 입는 건지……. 속바지를 입었다지만 민망한 짧은 치마나 터질 듯한 청바지를 볼 때면 눈 둘 데를 모르겠어요.

지난번에는 멀리서 요란한 차림새로 어떤 여자애가 걸어오기에 뉘 집 딸이 저 모양인가 싶었는데, 세상에 우리 딸이었단 거 아닙니까? 아는 사람이 있었으면 창피해서 모른 체 했을 겁니다. 단정하게 입고 다니라고 누누이 야단을 치는데도 아무 소용이 없어요.

남자애들도 다르지 않더라고요. 글쎄 학교 앞에서 보니까 애들이 죄다 바지통을 좁혀서, 어떤 애는 여자들 스키니처럼 다리 굴곡이 다 보이더라니까요. 자기들 눈에는 그게 진짜 멋지고 예쁘게 보이는 걸까요? 아니면 부모들 약 오르게 하려고 일부러 그러는 걸까요?

'외모가 중요하지 않다고요?'

엄마, 요즘 누가 엄마 말처럼 치마를 무릎 위 3센티로 입어? 애들한테 웃음거리 되라고? 어쩌다 진짜 재수 없어서 치마 내리는 걸 깜박하고 걸릴 때도 있지만 다른 애들에 비하면 난 얌전한 편이란 말이야. 교문 앞에서 엉덩이까지 꽉 끼고 진짜 아슬아슬한 바깥용 교복 치마로 갈아입고 다니는 애들이 얼마나 많은데…….

누구한테 피해 주는 것도 아닌데 치마 길이로 사람을 잡는 학교도 이해할 수가 없어. 호주로 유학 간 친구한테 들으니까 호주는 화장을 하든 미니를 입든 파마를 하든 순전히 애들 자유에 맡긴대. 호주에서는 죄가 안 되는 게 여기서는 징계 사유가 되는 이유가 도대체 뭐야? 결국 어른들이 어떤 게 잘못이라고 자기들 마음대로 정한다는 소리잖아? 그러니까 우리도 안 걸리기만 하면 되는 거지, 뭐.

요즘 애들이 학생답지 않다는 건 순전히 엄마 기준이잖아. 애들이 다 그렇게 입는다면 요즘 학생다운 게 바로 그렇게 입는 거 아니야? 우리 나이에 우리 학교 애들이 보통으로 입는 그게 표준 아니냐고. 우리도 너무 튀게 입는 애들은 날라리라고 몰래 손가락질 해. 그렇다고 너무 범생이같이 하고 있어도 놀림감이란 말이에요.

옷 입는 건 우리가 다 알아서 눈치껏 하는 문제예요. 화장도 머리 모양도 학교마다 기준이 다르니까 우리도 어떡하든 그 안에서 살아 남도록 각개 전투 중이니까 그게 무슨 큰 죄나 되는 듯이 말하지 않 았으면 좋겠어.

어른 되면 실컷 마음 놓고 멋 부릴 수 있는데 왜 그렇게 외모에 집 착하고 아침마다 거울을 들여다 보냐고? 그런 건 다 대학 가서 하고 지금은 공부에 집중하라고?

"거울 좀 그만 봐라. 누가 널 쳐다본다고 그 난리야?"

엄마는 아침마다 이렇게 부르짖지만, 나는 그 말을 믿을 수가 없 어. 머리 모양이 이상한 날은 하루 종일 사람들이 나만 쳐다보는 것 만 같으니까. 그리고 아무도 내 얼굴 안 본다며 신경 쓰지 말라는 엄 마도 TV 볼 때마다 사람들 얼굴이랑 몸매 갖고 뭐라 하잖아. 저런 얼 굴로 어떻게 주연을 꿰찼냐, 저렇게 살이 찌니 조연밖에 못한다, 역 시 얼굴이랑 몸매가 받쳐줘야 패션이 완성된다…….

나한테 하는 말도 시시때때로 바뀌죠. 식탁에서는 외모도 경쟁력 이라며 살찌지 않게 건강식 먹으라고 해 놓고, 공부하라고 할 땐 세 상에서 제일 중요한 건 누가 뭐래도 실력이라고 하고.

엄마 말을 무시하는 게 아니라 외모에 신경 쓰는 걸 쓸데없는 골 빈 짓으로 취급하지 말고, '한창 그럴 때지' 하고 받아 줬음 좋겠다는 뜻이에요. 그리고 내 외모와 상관없이 엄마한테는 소중한 딸이라는 걸 느끼게 해 줬음 하는 거라고요. 그러면 나도 외모가 다가 아닌 걸

저절로 알게 될 테니까.

그렇지만 지금은 내 여드름 하나가 지구를 멸망시킬 거대 분화구로 보이는 게 사실이란 말이에요…….

외모에 대한 상담 주제 변천사

상담실에 있다 보면 아이와 빚는 갈등의 주제가 시대에 따라 변하는 것이 눈에 보인다. 한동안 바닥을 질질 끌며 다니는 힙합 청바지로 전국이 들끓더니, 몇 년 전부터는 하의실종 패션이 한국을 강타하고 있다. 한때는 휴대전화 문제로 몸살을 앓았지만 지금은 초등학생들까지 스마트폰으로 무장돼 있다. MP3를 사달라고 하는 자녀 문제로 골치 아파 하던 시절은 기억도 나지 않는다. 남학생 교복 바지 통을 줄여 입는 것 때문에 학교에서 아침마다 싸움이 벌어지지만 요즘 청소년의 부모들이 태어날 무렵에는 통이 넓은 나팔바지가 유행하는 통에 어른들이 혀 깨나 찼다. 1970년대에는 경찰들이 삼십 센티미터 자를 들고 다니면서 아가씨들의 미니 스커트를 규제했고, 귀를 덮는 장발족에게는 바리깡으로 이마부터 정수리까지 시원하게 한 줄 밀어 주었다. 정작 친구들 사이에 그런 처벌을 받은 사람이 있으면 '고속도로 뚫렸다'면서 낄낄 댔지만, 그걸 이해 못하는 어른들은 '말세'를 외치며 고개를 가로 저었다.

HOT 등 아이돌 1세대가 등장했을 때 이들을 따라다니는 자녀 때문에 엄마들이 괴로워하기도 했지만, 그 엄마들의 어린 시절인 1969년에 클리프 리처드가 이화여대 강당에서 내한 공연을 했을 때에는 흥분한 여성 관중들이 무대 위로 속옷을 던진 일이 있었다. 댄디한 양복 차림에 유려한 영국 발음으로 노래하던 클리프 리처드는 무대 위로 떨어진 속옷을 집어 들고 얼굴의 땀을 닦았는데, 지금 들어도 거의 하드코어 급이다.

지금은 책가방에 에어쿠션 하나씩 없는 여학생(중·고생을 말한다)이 없지만, 1990년에 어떤 여학생은 아파트 현관 앞에서 몰래 분을 바르다 엄마한테 들켜서 골프채로 두들겨 맞기도 했다.

어린 소녀들은 화장을 안 했을 때가 오히려 더 예쁘다는 진리는 왜 꼭 어른이 돼서야 깨닫게 되는 것인지, 그 볼그레하고 솜털 보송보송한 특권을 왜 파운데이션으로 떡칠을 하는 것인지, 왜 과한 볼터치로 심형래가 분장한 펭귄처럼 하고 다니는 것인지 우리는 모른다. 그러나 말해도 소용없고 말려도 소용없다. 교생 실습 때 학교에서만 긴치마를 입고, 출퇴근할 때에는 몰래 미니 스커트로 갈아입고 다녔다는 수학과 후배는 지금 교수가 됐다. 그때 왜 그랬는지 물어보니, 기억이 안 난다는 싱거운 대답만 돌아왔다.

상담실에 화장하는 문제로 엄마한테 끌려오는 아이들을 보면 반갑고 예쁘다. 그 부지런함과 열정이 예뻐서다. 그런 아이들은 우울해서 아무것도 하지 않으려고 하는 아이들에 비해 활력이 있다. 활력이 있는 아이들은 말도 잘 통하고 배울 점도 많다. 필자는 그 아이들에게서 화장하는 법도 배웠고, 그들이 남학생과 벌이는 밀당 얘기에 시간 가는 줄 몰랐다. 엄마가 만일 이런 방식으로 아이들을 존중해 줬더라면 아이들과 할 얘기가 무척 많았을 것이다.

아이들의 취향과 욕구를 무시하고 공부와 범생이 같은 외모만을 강요한다면 자녀와 아무런 관계를 쌓지 못한다. 오히려 부모 자식 간에 마음만 상할 뿐이다. 방법이 있다면 이렇게 말하는 것이다(관계가 좋지 않다면 이런 말조차 간섭으로 받아들일 수 있으니 관계 회복이 우선이다).

"네 외모의 취향에 대해서는 엄마가 충분히 존중하려고 애쓰고 있단다. 하지만 엄마와 함께 외출할 때만큼은 엄마가 덜 싫어하는 복장으로 입어 줄 수 있겠니?"

이처럼 엄마가 바라는 바는 분명하게 얘기하되, 아이가 그것에 따라주지 않는다고 혼을 내고 강압적으로 규제하거나 보복 조치를 취해서는 안 된다. 물론 이런 말을 하더라도 아이가 부모 뜻에 따라 얌전한 복장으로 입고 다닐 확률은 제로에 가깝다.

아이의 외모와 복장에 대한 결정권은 아이에게 있다. 엄마가 화장하지 말라고 하면 더 진하게 하고, 그런 옷은 입지 말라고 하면 몰래입는다. 엄마 말을 받아들여 적당한 균형추를 맞춰야 하는데 엄마가 강압적이라 말이 안 통하면 엄마 말과 반대되는 행동으로 균형을 맞춘다.

어느 날 당신이 친구와 길을 걷다가 입지 말라는 하의실종 복장을 하고, 화장을 하얗게 한 딸을 멀리서 발견했다면 어떻게 하겠는가? 친구 보기 창피해서 모르는 척했다가 집에 와서 혼꾸멍을 내겠는가? 그 자리에서 머리채를 잡아 집으로 끌고 오겠는가? 당신은 어떤 부모가 되고 싶은가? 아이 복장이 어색해 친구 앞에서 머쓱할 수는 있지만 그래도 아이를 존중하는 부모로 살아야 하지 않을까? 하의실종이 법에 저촉되는 것도 아닌데 아이 인격을 망가뜨리는 말과 행동을 해서 아이를 멀어지게 할 필요가 있을까? 내가 존중해 주지 않으면 아이는 어디 가서 존중을 받으며 살아갈까? 존중이 무엇인지 배울 수나 있을까? 부모가 존중해 주지 않는 삶이 아이에게는 얼마나 팍팍하게 느껴질까?

예쁘지도 않고 마음에 들지도 않는데 마음을 속여가면서 물개박수를 쳐 주라는 말이 아니다. '엄마는 그 복장이 썩 마음에 들지 않는다'는 말을 하는 것은 상관없지만, 복장을 엄하게 규제하거나 부모 뜻에 따르지 않는다고 응징이나 협박을 해서는 원하는 방향과는 반대로 갈 수 있다는 말이다.

아이가 화장을 하거나 하의실종 의상을 입거나 외모에 집착하거나 거울만 보고 살아도 부모가 목숨 걸고 싸울 일은 아니다. 의상이나 외모, 화장보다 아이의 인격이 더 중요하다. 더 낮은 가치를 지키기 위해 더 높고 중요한 가치를 져버리면 안 된다.

그리고 가능하면 아이의 결정에 진심으로 박수 쳐 주는 부모가 돼 보자.

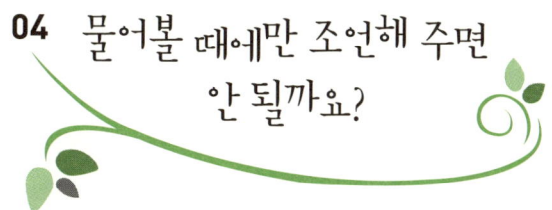

04 물어볼 때에만 조언해 주면 안 될까요?

사춘기 아이들은 엄마에게서 자신의 독립을 지키기 위해서라면 무슨 일이든 한다. 입 내밀고 뚱하게 있기, 못 들은 척하기, 외면하기, 첫 마디에서 화 버럭 내기 등등 엄마의 간섭을 사전에 차단하려는 아이들의 노력은 지난하다.

엄마들이라고 결코 마음 놓고 잔소리를 하지는 않는다. 눈에 거슬리는 일을 지적하지 않으려고, 쓸데없는 간섭으로 아이들을 괴롭히지 않으려고 사력을 다한다. 사실 사춘기 아이들이 엄마들 눈에 지각있는 아이로 보이는 순간이 얼마나 된단 말인가? 아이들도 엄마들이 얼마나 오래 참고 나서야 입을 떼는지 안다면 함부로 '잔소리쟁이'라고 말할 수는 없을 것이다. 마음속으로 숫자를 헤아리며 도를 닦기도 하고, 절이나 교회에 가서 기도를 올리는 엄마도 있다.

"요즘 새벽마다 성당에 갑니다. 제발 아이에게 듣기 싫은 말을 하지 않게 해달라고 미사 내내 기도를 하죠. 그렇게 거룩한 마음으로 하루를 시작했는데 오후에는 벌써 아이를 나무라는 저를 발견하곤 합니다."

아이들에게 한마디로 묵살당하거나 가을 낙엽처럼 흔하게 취급받지 않으려면 조언은 최소한으로 해야 한다는 사실을 엄마들도 잘 알고 있다. 그래서 참고 또 참으려 애를 쓰지만 엄마로서 조언이 꼭 필요한 순간은 오는 법이다. 누가 뭐래도 그들은 우리 아이가 아닌가? 필요한 조언까지 외면할 수는 없다. 그러나 안타깝게도 아이들은 부모가 꾸짖거나 지적하는 것이 아닌데도 도움이 될 만한 말을 할 기색이 조금이라도 보이면, 심지어 묻는 말에 대답만 해도 꽁지가 빠지게 달아나 자기 방어의 벽부터 쌓고 본다.

"왜 말을 비비 꼬아서 듣는 거니? 네 심사가 꼬인 거 아니야?"

적어도 사춘기 아이들에게는 이런 말이 전혀 통하지 않는다. 그 어느 시기보다 비판에 민감한 때이기 때문이다. 일상적으로 지나가는 말에도 자기를 무시하고 지적한다고 느끼고, 틈만 나면 자기 영역을 침범당했다고 발끈하는 게 사춘기다.

조심스러움에 더해 기술이 필요하다.

'인생의 교훈을 전해 주고픈 마음을 왜 몰라줄까요?'

아이랑 대화할 수 있는 기회가 좀처럼 없어요. '우리 얘기 좀 하자.' 이런 방식은 아예 통하지 않는 전법인 데다, 그런 분위기는 일방적인 설교밖에 안 될 테니까요. 아이에게 자연스럽게 내가 하고 싶은 말을 할 수 있는 기회를 찾으려고 애를 쓰는 편인데 그마저도 쉽지가 않네요.

지금이 인생에 대해 배워야 할 것들이 참 많은 시기지만, 어른에 대한 반발도 심한 시기라서 쉽사리 이래라 저래라 했다간 역효과만 나겠죠. 제가 어렸을 때 제대로 했더라면 얼마나 좋았을까 싶은 삶의 지침들, 배워두면 교양이 될 만한 얘기들을 아이에게 어떻게 전해야 할지 모르겠어요. 엄마가 골라 주는 책들은 더 외면하고, 심지어 묻는 말에 대답해 주는 데도 화를 내니까요.

아이에게 자상하게 인생을 가르치는 현명한 엄마가 되고 싶은데 왜 아이는 이런 제 마음을 몰라줄까요?

아이의 속마음

'조언도 교훈도 잔소리로만 들려요.'

엄마가 아직도 내게 가르칠 게 많다는 건 알겠어. 내가 이런 것도 알았으면 좋겠고 저런 것도 놓치지 말았으면 해서 애쓰는 건 충분히 알겠다고. 내 말이나 행동에 조그만 꼬투리만 생겨도 낚아채서 내게 교훈이나 지식을 전해 주려니 엄마도 얼마나 힘들겠어? 그런데 듣는 나는 더 힘들다는 건 모르죠?

그냥 듣기만 하는 게 뭐가 힘드냐고요? 그건 편하고 즐거운 소통이 아니잖아요. 어제 함께 TV로 핸드볼 경기를 볼 때에만 해도 그래요.

"에이, 저 선수는 번번이 옆도 안 돌아 보고 혼자 공격하다 공만 뺏기네?"

내가 무심코 한 이 한마디에 엄마는 핸드볼 규칙은 물론이고, 인생에서 협력의 의미까지 설명했잖아요.

지난번에 유럽 여행 갔을 때에도 마찬가지야. 모처럼 큰돈 들여서 왔으니까 엄마는 내가 더 많은 걸 보고 배우길 바랐겠지만, "와, 저게 교과서에 있던 거구나" 하는 내 말이 끝나기도 전에 엄마가 읽은 가이드 북 내용을 모조리 알려 주려는 바람에 얼마나 피곤하던지.

TV 출연자가 유학도 안 가고 영어를 모국어처럼 잘하길래 "와, 어떻게 한 거지?"라고 했더니 엄마는 당장에 나를 그 사람처럼 만들 기세로 설명하기 시작해서 결국은 내가 화를 내고 말았잖아요.

대답한 것뿐이라고요? 모처럼 편하고 좋은 시간을 다 망쳐 버렸는데도요? 나 혼자 마음대로 느끼고 생각할 자유를 몽땅 뺏기고 말았는데도요?

잠깐만요, 조언은 초대할 때에만 하실게요!

밥만 먹여서는 아이를 키울 수 없다. 올바르게 클 수 있도록 교육도 해야 한다. 그런데 밥도 아이가 배고플 때 먹일 수 있는 것처럼 조언이나 교육도 아이가 들을 마음이 있을 때 가능한 일이다. 부모가 아이와 멀어지는 가장 핵심적인 사항이 바로 이것이다. 초대하지 않았을 때 무시로 들어오는 조언과, 교육을 가장한 비난 때문에 부모 자식 관계가 가장 큰 타격을 입는다.

상담 장면에서 아이가 가장 많이 하는 부모에 대한 하소연은 밥을 굶긴다는 얘기도, 돈을 안 준다는 얘기도 아니다. 바로 교육의 이름으로 아이를 비난하고 홀대하고 무가치한 인간으로 대하는 데 대한 슬픔이다. 이런 감정을 느꼈을 때 아이들은 가장 크게 상처받고 부모와의 대화의 문을 닫아버린다.

특히 조언과 함께 비집고 들어가는 비난이 문제가 된다. 부모들에게 아이를 비난하는 이유를 물으면 대부분 자신이 해 주는 피가 되고 살이 되는 소중한 인생의 지침을 아이들이 들으려 하지 않기 때문이라고 대답한다. 인생에 도움이 되는 소중한 조언을 아이가 따르려 하지 않을 때 비난이 시작되는 것이다. 그러나 생각해 보자. 조언도 외면하는 판에 비난까지 섞어놓은 모래 밥을 아이가 먹을 리가 없지 않은가.

또한 비난이 섞이지 않았더라도 조언에는 '널 이대로는 받아들일 수 없다'는 의미가 숨어있다. 너는 지금과 다르게 변해야 한다는 의미가 담긴 말이 바로 조언이기 때문이다. 조언은 듣는 상대가 변할 마음이 있을 때, 스스로 그 해결법을 찾는 과정에 있을 때 해 줘야만 제대로 된 역할을 할 수 있다. 만일 초대하지도 않았는데 조언을 퍼붓는다면 그것은 비난에 다름 아니다. 아이가 잘 되기를 바라는 마음에서 하는 부모의 조언이 아이에게는 '너는 지금 옳지 못하다'라는 의미의 비난으로 들린다는 것이다.

그렇다면 아이에게 잘 되라고 하는(인생에 도움이 되는) 말은 언제 해야 할까? 정확하게 아이가 요청했을 때 해 줘야 한다. 만일 아이가 요청하는 것인지 아닌지 애매모호하다면 그것은 정확한 때가 아니다. '정확'이라는 말은 '누가 보더라도 명확하게 분명히 요청했을 때'를 의미한다. 만일 판단이 서지 않으면 아이에게 물어보면 된다.

"지금, 엄마에게 그 문제에 대한 조언을 해달라는 말이니?"
"엄마한테 어떻게 했으면 좋을지 묻는 거니?"

이 말 대신 "엄마가 이 문제에 대해 조언을 해도 될까?" 하며 일방적으로 치고 들어가 놓고 아이가 조언을 요청했다고 우기면 곤란하다. 특히 그 뒤로 부모의 말이 장황해지거나 별 효과가 없을 법한 조언이 이어지면 아이와 싸움이 벌어지는 수순으로 사태가 전개될 가능성이 높다.

아이가 아무리 답답해도, 하는 짓이 어이가 없더라도 무시로 아이의 삶에 개입하면 안 된다. 귀를 열어놓지 않았을 때 그에 대해 말하는 것은 아무런 효과도 없고 오히려 관계만 더 망치게 된다. 인생에 대한 조언은 아이가 초대했을 때에만 해 줘야 한다.

다른 인간관계에서도 마찬가지다. 직장에서도, 친구 관계에서도, 동호회 모임에서도 상대가 초대하지도 않았는데 조언과 충고를 일삼다간 관계 망치고 퇴출되기 십상이다. 만일 직장이나 친구 관계에서 자신의 기대와 달리 사람들의 존중을 못 받는다고 생각한다면 조언이나 의견을 줄여보라. 당신에게로 향하는 사람들의 눈빛이 달라질 것이다.

괜찮은 사람으로 보이기 위해 제시한 내 의견이나 조언이 오히려 나를 덜 괜찮은 사람으로 보이도록 만든다. 내가 아는 것을 말하지 않고 있을 때 오히려 내 의견을 묻고 그 의견을 중요하게 여긴다. 말보다는 삶과 태도로 보여 주는 모습이 더욱 중요하다는 사실은 자녀에게나 친구 관계에서나 별반 다르지 않다.

한 가지 더. 아이와 대화할 때에는 '묻는 말에만 대답하기'라는 원칙을 지켜야 한다.

"엄마, 네 말이 맞다고 할 때 '맞' 자는 어떤 받침을 써?"

이때 다음과 같이 말하면 아이가 싫어한다.

"응, 그건 말이지. 맞다 할 때 받침은 '지읒'이고, 짐을 맡긴다고 할 때의 받침은 '티읕'이야. 그럼 맛있다고 할 때 받침은 '시옷'이겠지? 또 ......"

아마 아이는 당신의 말이 끝나기도 전에 눈을 내리깔고 다른 생각을 하거나, 가정 분위기가 자유로운 편이라면 벌써 방으로 튀고 없어졌을 것이다. 뭔가 물어볼 때 부모의 대답이 장황하고 부연 설명이 길수록 아이가 질문하는 횟수는 줄어든다.

아이가 뭔가 물어보면 아는 것은 짧게 대답하고 모르는 것은 모른다고 짧게 말하자. 그러면 나머지 긴 시간은 뭘 하느냐고? 그 시간에는 아이의 얘기를 들어 주자. 부모가 하는 얘기가 짧아지면 짧아질수록 아이와의 대화는 길어진다.

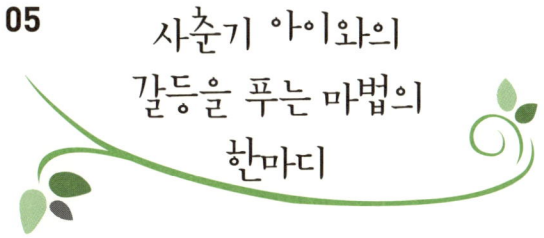

05 사춘기 아이와의
갈등을 푸는 마법의
한마디

자기계발서를 보면서 화가 날 때가 있다. 하라는 것도 많고 해야 할 일이 왜 그렇게 많은지. 그걸 다하기가 얼마나 어려운데, 그 정도가 기본이고, 정상이라고 말하기 때문이다.

그러나 사춘기 아이를 대하는 방법은 이것처럼 어렵지 않다. 해야 할 말이 많지 않기 때문이다. 사춘기 아이와 관계를 돈독하게 하는 말은 다음 세 가지뿐이다. 이 세 가지 말만 알고 있으면 아이와의 관계가 비뚤어질 일이 없다.

1. 그래?
2. 그렇구나.

3. 왜?

그런데 사실 3번 '왜?'는 많이 쓰지 않아도 되므로 실제로는 두 가지인 셈이다. 비교적 모든 대화가 2번에서 끝난다. 게다가 3번 '왜'를 많이 쓰면 가끔 위험해질 수 있으므로 굳이 안 써도 무방하다.

요령은 아주 쉽다. 아이가 하는 어떤 말에 일단 1번 '그래?'라는 말만 하면 된다. 예를 들면 다음과 같다.

아이가 "에잇, 담임한테 혼났어. 기분 완전 꿀꿀해. 학교를 때려치우던지 해야지" 하고 말한다면 뭐라고 대답해야 할까?

이때 엄마가 해 줄 대답의 옵션은 많지 않다. 머리 아프게 고민할 필요가 없다는 뜻이다.

"그래?"

이 한마디면 충분하다. 아이가 더 얘기하고 싶으면 얘기를 더 이어갈 것이고, 하고 싶지 않으면 때려 죽여도 더 이상의 정보는 얻을 수 없다. 물론 때리고 협박하면 그 이상의 정보를 얻을 수는 있다. 그러나 그것도 엄마가 무서울 때까지 뿐이다. 이 경우 아이와의 관계는 망가진다. 관계가 망가지든 말든 정보가 더 궁금하면 물어봐도 된다. 그렇지만 그 후에 아이가 엄마에게 정보를 누출하는 일은 절대로 없을 것이다. 이런 일이 계속되면 결국 아이에게 무슨 일이 생기더라도, 그 사실을 전혀 몰랐다는 부모가 될 가능성이 있다.

"그래?" 한마디면 충분하다. 더 이상 얘기할지 그만할지를 결정하는 것은 아이 몫이다. 엄마가 들을 준비가 돼 있다는 사실을 알려주는 것. 그것 하나면 충분하다.

연습 한 번 더 해 보자.

"학교 때려치울 거야. 나만 학교를 때려치우기는 억울하니까 학교를 불 싸질러 버릴 거야."

이때에도 마찬가지다.

"그래?" 한 마디면 족하다.

엄마가 더 들을 준비가 돼 있다는 것. 그런 어마어마한 말을 듣고도 엄마는 너를 비난하거나 야단치지 않고 네 불쾌한 마음을 우선 헤아려 줄 용의가 있다는 것을 이 말 한마디로 전달할 수 있다.

이 말은 누구든 화가 나면 무슨 생각이든 할 수 있다는 것, 행위를 하지 않으면 생각은 자유라는 것, 차츰 생각을 과격하게 하는 것도 손을 봐야 하겠지만 적어도 지금 이 순간만큼은 그런 생각을 품고도 행위를 저지르지 않은 것은 칭찬받아 마땅한 자제력이라는 것 등등을 전달하는 짧고도 강렬한 효과가 있다.

다음 2번으로 넘어가 보자.

엄마가 "그래?"라고 말하면 아이가 진도를 더 나갈 확률이 높아진다. 이렇게 말이다.

"응, 엄마 내가 수업 시간에 조금 졸았는데 선생님이 나한테 막 뭐라고 하는 거야. 사람이 졸 수도 있지. 진짜 기분 나빠."

머릿속에는 만 가지 생각이 들겠지만 이때 역시 여러 말이 필요

없다.

"그랬구나."

이 한마디면 된다.

'그랬구나'라는 말에는 '엄마는 그 일에 대해 더 들을 수 있는 마음의 여유가 있고, 네가 한 행동에 대해 비난할 생각이 없으니 네가 겪은 일에 대해 더 얘기해 주렴'이라는 뜻이 들어있다.

그러나 실제로는 많은 부모들이 아이가 하는 첫마디에 판단과 비난과 통제를 쏟아 붓는다.

"뭐? 학교에 불을 질러? 이게 미쳤나? 불 지르면 교도소에 가야 하는데 갈 거야? 니가 정신이 있는 거니, 없는 거니?"

학교에 불을 지르겠다는 말만 놓고 보면, 엄마로서는 아이가 엄청난 충동과 도덕 부재, 통제 불능의 상태에 놓인 듯한 생각이 드는 것이 당연하다. 그러나 그 시점에서 아이를 비난하거나 충동적으로 한 말에 대해 중요한 개념을 가르치려고 들면 아이는 입을 다물어 버린다. 이러면 아이에게 무슨 일이 있었는지 알 수도 없고, 아이가 어떤 행로를 따라 어떤 조망으로 세상을 보고 반응하는지 알 도리가 없다.

아이를 가르칠 기회는 많다. 그러나 아이가 세상을 읽는 방식과 세상에 대처하는 방법을 알기 위한 단서는 많지 않다. 아이가 어떤 방식으로든 말을 하려고 한다면, 그때는 듣는 게 맞다. 아이가 말하려고 할 때 내가 뛰어들어 말한다면 그것은 대화를 끊는 행위다. 이런 부모일수록 아이와 대화하기가 어렵다고 하는 경우가 많다.

아이가 말을 하려고 할 때에는 그것이 무슨 말이든 일단 들어주는 것이 맞다. 가르치고 인생의 지침이 되는 말은 이다음에 아이가 조언해달라고 '초대'해 왔을 때 해 주면 된다.

그럼 아이 교육은 언제 하느냐고 묻는다면 이렇게 답해주고 싶다.

"들어주는 게 교육입니다."

당신이 알고 있는 교육이 가르치고 야단치고 혼내서 아이를 바로잡는 것이라면 그 교육의 울타리 안에 한 가지를 더 넣기를 권한다. 들어주는 것, 경청이 뭔지 보여 주는 것 또한 교육이라는 것을 말이다. 아니, 이것이 부모가 꼭 해야 할 교육이다.

다른 사람이 하는 말을 들어보지도 않고 상을 뒤엎어버리는 아이로 키우고 싶지 않다면 부모가 먼저 다른 사람의 말을 귀 기울여 들어주는 모습을 보여 주는 교육이 반드시 필요하다. 이런 부모의 모습을 보고 자랐을 때 아이는 경청의 참된 의미를 이해하게 된다.

이제 아이가 학교에 불을 지르고 싶을 정도로 분개하는 이유를 알게 됐다. 졸다가 선생님한테 야단을 맞았다는 것이다. 여기서 획득한 정보는 다음과 같다.

아이가 수업 시간에 졸았다는 것. 아이는 자기가 잘못을 해 놓고도 남이 야단을 치면 감정이 격하게 반응한다는 것. 감정이 격해질 때 극단적인 방식(학교를 그만두거나, 학교에 불을 지르거나)으로 마무리 지으려는 사고방식이 있다는 것.

아이의 말을 통해 많은 정보를 알게 됐으니, 이제 그것을 써먹어야 할 때다. 먼저 아이가 자신이 잘못해 놓고도 남이 야단을 치면 더 격하게 반응한다는 것을 알았으니 지금 아이를 야단쳐서는 안 된다. 아이가 생각하는 극단적인 해결 방식(불을 지르거나, 학교를 그만두는 것)의 폐해에 대한 일장 연설은 더더욱 하면 안 된다. 지금은 아이의 감정이 누그러지기를 기다려야 할 때다. 자신의 잘못을 지적하면 엇나가는 아이에게 엄마까지 화를 내고 일장 연설을 한다면 아이가 배워야 할 것과 정반대의 것을 가르치는 셈이 된다. 이때 역시 이 말 한마디면 족하다.

"그랬구나."

그 다음에 아이가 어떤 말을 하는지 태연하게 기다려 봐야 한다. 앞서 아이가 한 말 중에서 가장 문제가 되는 부분은 '불을 지른다'는 대목이다. 그것은 법적인 문제이기 때문이다. 수업 시간에 졸거나, 학교를 그만두는 것은 개인의 선택일 뿐 법적인 문제는 아니다. 그런데 부모가 여기에서 덜 중대한 사항을 문제 삼으면 아이는 어떤 것이 덜 하고 더한 문제인지 경중을 비교하지 못하게 된다.

아이가 한 말 중에서 가장 중요한 문제를 걸고넘어져서 어떤 교육을 해야 한다는 말이 아니다. 아이의 말 중에서 어떤 것이 가장 문제가 되는 사안인지를 염두에 둬야 한다는 뜻이다. 아이가 불을 지른다는 말을 분명히 듣고도 "아니, 어떻게 수업 시간에 졸 수가 있니? 그러니까 밤늦게까지 휴대전화 가지고 놀지 말고 일찍 자라고 했지?" 하며 중요도가 가장 낮은 문제를 걸고넘어지는 부모가 되지 말라는 뜻이다.

이 문제를 염두에 두고 이어지는 아이의 말을 들어보자.

"아니, 수업 시간에 졸 수도 있는 거 아냐? 게다가 다른 애들도 다 자는데 왜 나만 야단치는 거냐고."

이 말을 잘 들어보자. 물론 아이가 적반하장 격으로 나오는 것은 밉상이지만 아이 말이 틀리다고 볼 수는 없다. 수업 시간에 졸 수도 있다. 어른인 필자도 가끔 존다.

수업 시간에 졸지 말고 집중해서 선생님 말씀을 들으라는 말은 아이가 유치원 때부터 귀에 딱지가 앉도록 들은 말이다. 그런 문제 때문에 선생님한테 야단을 맞기도 하고 지적도 당하지만 학교에서 일어나는 일상적인 문제일 뿐이다. 선생님이나 부모님이 하지 말란다고 그날부터 절대로 졸지 않고 공부에만 매진하는 사람이 될 것이라고 꿈꾸지는 않으리라 믿는다.

이때도 "그랬구나" 하면 된다. 물론 '그러게 말이야', '그러네' 등 다양한 버전이 있지만 그 말이 아이의 말에 동의하는 것처럼 들리는 것이 싫다면 "그랬구나" 한마디면 충분하다. 설사 아이가 "에잇, 이놈의 학교 때려치우든지 해야지"라고 말하더라도 "그래?" 한마디면 된다.

아이가 자발적으로 말을 주절주절 할수록, 이야기할 때 엄마가 개입해서 말을 막지 않으면 않을수록, 아이에게 낀 분노의 거품이 빠지고 정신이 현실로 돌아온다. 굳이 '학교 때려치우고 뭐 할래?' 하고 묻지 않아도 된다. 아이도 학교를 그만두면 그 후에 뭘 해야 할지를 고민해야 한다는 것쯤은 알고 있다. 별다른 말을 하지 않아도 엄마가 그런 상황을 좋아하지 않는다는 사실을 아이는 충분히 알고 있다.

잔소리를 참으면 참을수록 아이 입에서는 엄마가 알아야 할 고급 정보가 쏟아져 나온다. 학교를 그만두고 창업을 한다든지, 학교를 그만두고 검정고시를 본다든지 하는 (황당하기 짝이 없기도 하지만) 아이의 대처 철학을 엿볼 수 있는 정보들이 쏟아져 나온다. 아이의 생각을 아는 것이 중요하지, 아이의 생각을 변화시키려는 시도는 중요하지 않다. 그래서는 변화되지도 않는다.

아이가 학교를 때려치우면 골치 아픈 일이 한두 가지가 아니다. 만일 아이가 이 문제에 대해 진지하게 말하려고 한다면 부모는 대화의 태도를 통해 그 얘기를 들어줄 용의가 있음을 보여 줘야 한다. 부모에게 그 정도 믿음이 없다면 아이들은 자신의 문제를 털어놓고 조언을 구하지 않는다. 아이가 품은 분노의 거품이 빠질 때까지 부모가 아무 말 없이 경청해 준다고 해서 아이가 '내가 학교를 그만둔다고 하는데도 엄마가 아무런 야단도 치지 않네? 정말 그만두어도 된다는 말인가 보다. 내일부터 학교 가지 말아야지' 하고 생각할까?

만일 분노의 거품이 빠진 뒤에도 학교를 그만두겠다는 주장이 이어진다면, 그때부터는 아이와 함께 정말 진지하게 고민해 볼 시점이다. 자퇴의 장단점에 대해 함께 진지하게 고민해야 한다. 물론 이때에도 고민의 최전선에는 아이가 놓여야 한다. 자퇴에 대한 모든 정보도 아이가 구해오고, 대안도 아이가 모색해야 한다. 그중에서 어떤 결정을 내릴 것인지 역시 당연히 아이의 몫이다. 부모의 지원은 '부모가 감당할 수 있는 한계 내에서'라는 전제로 족하다. 학교를 계속 다녔을 때 드는 액수보다 더 지불할 생각이 없다면 그 한계를 분명히 말해야 한다.

> "엄마는 너를 위해 학교에 들어가는 돈 이상을 쓸 생각이 없어. 네가 뭔가를 하고 싶다면 그 액수 안에서 알아보도록 해라."

이렇게 분명히 말해야만 아이와 부모 간의 공방이 줄어든다. 선택은 아이 몫이다. 그것이 용기를 가지고 내린 결정이라면 제한된 환경에서 자신의 미래를 계획할 수 있는 좋은 기회가 될 수도 있다.

아이가 하는 말을 듣고만 있어도 엄청난 결과가 일어난다. 들어만 줬는데도 아이가 학교에 다시 나가고, 불도 안 지르고, 선생님 기분을 살펴가며 준다. 부모가 잔소리를 참으면 참을수록, 아이가 사태 파악을 하고, 이제까지 몰랐던 고급 정보를 방사해 준다. 아이의 말을 들어 주기만 하면 어떤 교육을 시켜야 하는지 골 빠지게 고민하지 않아도 아이와 관계가 좋아진다. '그래?', '그렇구나'라는 말만 해도 아이가 부모를 존경하고, 인생의 중대사를 털어놓고, 조언을 구하려 든다.

아이가 조언을 구할 때에도 마찬가지다. '이때가 기회다' 하며 내 생각을 줄줄이 늘어놓기 보다는 '네 생각은 어떠니?', '그래, 그렇구나'

를 적절히 사용해 아이의 생각이 전개되도록 돕는 것이 효과적이다.

위의 상황처럼 대화가 무르익었다면 마무리로 이런 것을 물어봐도 된다.

"그런데 왜 불 안 지르고 그냥 왔어?"

그럼 아이가 이렇게 대답할 것이다.

"에이 엄마, 그렇다고 불 지르면 안 되지. 그건 범죄야. 그럼 엄마, 아빠 불려가고 골치 아파져. 내 인생도 끝장이고."

이런 말을 들었을 때에도 마찬가지로 "그랬구나" 한마디로 받아주면 충분하다.

아이는 자기 문제의 해답을 가지고 있다. 자신의 생각을 자유롭게 펼치고 정리하는 것으로 문제의 해답을 끄집어낼 수 있다. 해답이 안 나오면 시간이 필요하다는 말이다. 모든 문제의 해답을 부모가 제시할 필요는 없다.

당신은 이미 좋은 엄마다

이 책을 집어 든 당신은 사춘기 아이 문제로 고민하고 갈등하는 부모일 것이다. 아이가 사춘기에 접어들었다면 그것은 아이가 잘 커줬다는 신호다. 아이와 부모가 동시에 성장할 수 있는 길목으로 잘 들어섰다는 뜻이다. 부모인 당신이 아이를 발달 단계에 맞게 잘 키웠다는 뜻이기도 하다.

물론 아이의 독립과 반항이 당신의 예상을 뛰어넘어 몹시 놀랍고 불안할 수도 있다. 그럴수록 정상이다. 매우 평범한 일이다. 당신이 통제적인 부모일수록 아이의 이런 반응이 힘들게 느껴질 것이다. 이렇게 하면 좋은 결과가 올 텐데, 이렇게만 되면 걱정 없이 본 궤도에 오를 텐데, 궤도에 진입하기만 하면 만들어진 궤적을 따라 수월하게 다음 단계로 진행될 수 있을 텐데 등의 생각으로 아이에게 부담을 준다면 당신은 통제적인 부모다.

부모가 통제적일수록 아이는 부모에게서 빠져나가려고 한다. 통제의 다른 뜻은 '불안'이다. 통제를 하려는 사람은 강한 사람이 아니라 내적 불안에 휩싸여 외부를 통제함으로써 자신의 불안을 잠재우려는 나약한 사람이다. 궤적을 따라 돌지 않고 자유 운동을 하는 아이의 미래가 어떻게 될지 불안해서 궤적 안으로 끼워 넣으려고 한다면 부모의 불안에 다름 아니다.

물론 아이도 싫다고 하면서 따라온다. 욕하면서 막장 드라마 보듯이 부모의 통제를 싫어하면서도 통제에서 벗어나 본 적이 없기 때문에 부모가 이끌어 주지 않으면 불안해한다. 그래서 싸우고 따라가고, 또 싸우고 따라간다. 독립할 의지는 있지만 그렇다고 실행할 용기도 없고 불안하기 때문에 부모와 진흙 밭을 뒹굴면서 신세 한탄을 한다. 그렇다고 마른땅으로 나가지도 못한다. 아이를 올바르게 키우기 위한 부모의 노력은 이 지점에서 물거품이 된다.

무엇보다 아이의 삶을 설계하고 재단하는 그런 노력을 그만두어야 한다. 아이를 향한 통제를 그만두는 것이 아이와 잘 지내는 지름길이다. 이제까지 아이에게 기울인 노력으로 충분하다. 그 노력 덕분에 아이가 다행스럽게도 사춘기를 맞게 됐다. 사춘기 아이와 함께 사는 일은 이제까지의 육아 방법과는 전혀 차원이 다르다. 사춘기 아이의 부모가 선택해야 할 가장 좋은 선택지는 '아이에게 집중된 관심과 노력을 그만 접어 들이는 것'이다.

아이를 올바르게 키우기 위한 모든 노력을 그만두면 아이가 올바르게 클 수 있다고 하니 얼마나 쉬운가? 그 노력을 자신의 삶에 집중한다면 꿩 먹고 알 먹고 일석이조가 된다. 내가 어떻게 살아갈지, 내 삶이 어떻게 펼쳐지면 좋겠는지, 내가 어떤 모습으로 삶을 마감할지, 관심의 방향을 온전히 내 삶에 대한 고민으로 돌려야 한다. 그게 바로 사춘기 아이들과 잘 지내는 비법이다.

언젠가 한 엄마가 자녀 문제로 상담실을 찾았다. 그 엄마는 작은아들이 손님이 와도 인사를 안 하고, 홀로 된 엄마의 속사정도 안 알아주고, 자기 일에만 집중하며, 엄마와의 대화를 재미없어 한다고 하소연했다. 반면에 큰아들은 집에 손님이 오면 무슨 일을 하고 있었든 나와서 인사를 하고, 다과를 챙기고, 홀로 된 엄마의 속사정을 헤아려 엄마와 시간을 보내주는 등, 싹싹하기가 그지없다는 것이다.

그 엄마에게 필자가 한 말은 이랬다.

"큰아들을 보고 싶네요. 우선 멸종 위기에 놓인 천연기념물 같아서 보고 싶고요. 그리고 만일 가족 중에 상담을 받아야 할 사람이 있다면 큰아들이기 때문에 보고 싶어요."

그 어머니는 그 후로 마음이 편해졌다면서 작은아들을 상담 받게 하려는 시도를 그만두었다. 사실 그 엄마의 말만으로는 작은아들이 어떤 증상을 앓고 있는지 알 수가 없었다. 그러나 어떤 명목을 대었더라도 작은아들이 상담실을 찾을 일은 없었을 것이다.

나는 오히려 큰아들이 걱정됐다. 홀로 된 힘없는 공주 엄마를 어깨에 짊어지고 있는 그 삶이 얼마나 팍팍할지 마음이 아팠다. 거기에다 작은아들 문제로 상담실을 찾을 정도면 집에서도 그 엄마는 큰아들에게 작은아들에 대한 걱정을 많이 늘어놓았을 것이다. 그런 엄마의 걱정을 들으면서 큰아들은 선택의 여지가 없었을 것이다. 그저 엄마가 원하는 아들이 되는 수밖에. 자신이 작은아들처럼 독립된 행태를 보일 때 흘리게 될 엄마의 눈물과 한숨을 견딜 수 없고, 동생보다 더 사랑받는 아들의 지위를 놓칠 수 없고, 자신마저 돌아서면 엄마는 벼랑 끝에 서게 된다는 위기의식 때문에 독립한 동생을 미워하면서도 부러워하는 양가감정에 휩싸였을 것으로 짐작됐다.

한 자녀와 부모가 사이가 안 좋을 때 다른 자녀가 받는 중압감은 이루 말할 수 없다. 두 고래의 힘 싸움에서의 가장 큰 피해자라고 할 수 있다. 이 엄마가 온전하게 자신의 삶을 살아가려고 마음먹는 순간, 작은아들을 걱정하는 어머니의 우려와 큰아들을 걱정하는 나의 우려가 동시에 눈 녹듯 사라질 것이다.

"엄마처럼 살기 싫다"

요즘 딸들이 엄마한테 하는 말이라고 한다. 장성한 딸들을 둔 지인들을 만나면 안 입고 안 먹고 자식을 위해 희생했더니 이런저런 말이 돌아온다고 통탄을 한다. 그중 압권은 이렇다.

"우연히 딸아이가 통화하는 내용을 들은 적이 있는데, 누군가에게 '우리 엄마는 우리 옷은 백화점에서 사 주지만 자기 옷은 아마 살 줄도 모를 걸요? 입고 나갈 데도 없을 거고요' 하면서 호호호 웃는 거예요. 이게 자식입니까? 내가 정성으로 키우면 나중에 나한테도 이렇게 알뜰하게 챙겨주겠지, 최소한 노고는 알아주겠지, 했는데…… 가슴이 미어지더라고요."

뭔가 잘못된 것 같다. 이런 부모 대접을 받는다면 그동안 쏟은 정성이 무슨 소용이 있을까? 뒷바라지 잘해서 자식이 성공하는 것도 좋지만 성공해서 남남이 될 바에야 좋은 관계로 평생을 애틋하게 보내는 부모 자식 관계가 수백만 배 더 낫다. 어렵게 성공시켰더니 부모 몰라라하는 자녀가 된다면 키우나 마나.

아이에게 내 모든 것을 쏟아 붓지 않고서도 아이에게 좋은 엄마, 고마운 엄마로 대접받을 수 있다. 아이와 독립적이면서도 정서적으로 밀접하게 지낼 수 있다. 그러기 위해서는 가장 먼저 자신의 삶을 되돌아보는 시간이 필요하다.

당신은 충분히 좋은 엄마다. 당신이 처한 상황에서 당신만큼 현명하게 상황을 타개할 수 있는 사람은 아무도 없을 것이다. 당신이 느끼는 자부심만큼 당신은 충분히 잘해 왔다. 아이는 너무 보챘고, 당신은 아이를 충분히 안아줄 만큼 정신적 여유가 많지 않았다.

아이를 보는 일에 하루 24시간을 집중하는 일은 신체적으로 정신적으로 감당하기 어려웠다. 당신은 너무 젊었고, 하고 싶은 일이 많은 만큼 좌절했고 우울했다. 그런 상황에서 아이를 이만큼 키워온 건 당신의 인내 덕분이다. 아이는 잘 자랐다. 이제 당신은 어떤 방향 전환을 요구받고 있을 뿐이다. 아이가 사춘기로 접어들었다는 것이 당신의 죄책감을 자극하는 일이라면 그것은 옳지 않다.

아이가 사춘기로 접어들어 엄마를 거부하고 반항하고 있다면 그것이 바로 아이를 잘 키웠다는 증거다. 바로 그것이 당신의 아이가 더도 덜도 말고 충분한 발달의 과정을 밟아간다는 뜻이다. 남들처럼(사실 남들은 더 심하게 겪는다) 쉽게 지나갔으면 좋겠다고 바란다면 그것 또한 불가능한 일은 아니다. 사춘기를 쉽게 지나가도록 하는 방법이 당연히 있다. 사춘기를 기쁜 마음으로 받아들인다면, 사춘기를 겪는 정상적인 자녀를 둔 것을 감사하게 생각한다면 아이의 사춘기로 인해 고통받을 일은 없을 것이다.

이제 아이에게 솔직하게 말해줄 때가 됐다. 가끔 좌절감에 빠져 세상이 얼마나 괴로운지 넋두리하곤 했지만 진정 세상이 괴로움으로 가득한 것만은 아니라고, 우리가 겪는 어려움 속에 잔잔한 기쁨도 있다는 것을 솔직히 말해줄 때가 됐다. 공부를 못하고 경쟁에서 뒤처지고 실패할 수도 있지만 그게 인생의 끝은 아니라고, 오히려 다른 분야에서 성공할 수도 있다고 말해 주자. 아니, 성공이 중요한 가치가 아니라 삶 속에서 잔잔한 행복을 느끼는 것이 더욱 소중하다고 말해 줄 때가 왔다.

이제껏 남들보다 잘 살아야 한다고 말했지만, 이제는 엄마의 생각이 바뀌었다고 말하더라도 아이는 알아들을 나이가 됐다. 성공하지 못하면 다른 사람들이 무시한다고 말했지만, 사실은 성공을 못해서가 아니라 스스로 못 나서 무시 받는다고 느꼈다고 솔직하게 말해 줄 때가 됐다.

남들만큼 성공하지 못하고, 남들보다 못 사는 현실이 영혼을 팔아서라도 바꾸고 싶을 만큼 싫었던 적이 있지만, 가족의 소중함을 깨닫는 순간부터 새로운 세상이 펼쳐졌다고 말할 때가 됐다. 이런 부모를 어떻게 아이들이 존경하지 않겠는가?

아이들을 혼내고 야단치기도 했지만 가슴 속에는 따뜻한 사랑이 흐르고 있다는 것을 말해 줄 때가 됐다. 작은 소리로 말해도 아이들은 알아듣는다. 윽박지르지 말고 작게 말해 줄수록 더 잘 알아듣는다.

　사랑을 표현하는 데 능숙하지 못했다고, 네가 싫어하는 말을 반복해서 하는 것이 관심이고 사랑인 줄 잘못 알고 있었다고 말해도 된다. 늘 사랑했다고 말하지 않아도 된다. 때로는 미운 마음도 있었지만 언제나 사랑하려고 노력했다고 말해 주면 아이들은 다 알아듣는다. 아이들은 이제 사춘기니까.